박철암의
산과 탐험

박철암의
산과 탐험

초판 1쇄 인쇄 2019년 6월 10일
초판 1쇄 발행 2019년 6월 20일
저　자 박철암

발행인 윤관백
발행처 도서출판 선인

영　업 김현주

등　록 제5-77호(1998.11.4)
주　소 서울시 마포구 마포동 324-1 곳마루 B/D 1층
전　화 02)718-6252/6257
팩　스 02)718-6253
E-mail sunin72@chol.com

정 가 23,000원
ISBN 979-11-6068-279-3 03980

박철암의
산과 탐험

박 철 암

도서출판 선인

1990년 6월20일 꽃을 찾아 통라 고개를 오르며 티베트와 인연을 맺은 나는 지난 23년 동안 총 28차례를 티베트의 품에 들었다. 그중 시위난루를 두 차례, 티베트 전역을 한 차례, 써지라산을 다섯 차례, 쉐구라산을 네 차례, 구게왕국을 두 차례, 시투어싯을 세 차례 올랐고, 칭하이성 고원을 한 번 탐험했다. 장정을 거리로 환산하면 14만km가 넘는다.

무엇보다 감격스러웠던 순간은 2007년 12월10일 중국 과학자들과 함께 지구에서 마지막 남은 공백지대인 무인구를 탐험했을 때이다. 내 생애에서 가장 보람되고 뜻깊은 일이었다. 그리고 나는 그동안 티베트의 고산 초화 500여 종을 수록했다. 그중에는 아직 세상에 알려지지 않은 희귀종도 있다.

소년 시절 나는 동백산(2,096m) 정상부에 있는 줄바위에 부서진 배 조각이 있다는 마을 어른들의 말을 듣고 호기심에 산을 올랐다. 비록 배 조각을 찾지는 못했으나 등산과 탐험을 시작한 계기가 되었다. 동백산의 마타리꽃 들녘을 뛰어다니던 시절, 마음속에 품은 꿈과 이상은 내 인생을 행복하고 보람 있게 이끌어 준 동력이었다. 어느 시인은 세상을 즐거운 소풍에 비유하였던가! 가면 다시 오지 않는 흘러가는 강물이라 했던가!

인류 역사는 불굴의 의지를 가진 사람들에 의해서 개척됐다. 미지에 대한 추구와 도전은 인류 발전의 핵심이다. 지구 밖에는 인간이 알 수 없는 우주가 있다. 그리고 어느 분야나 이 같은 미지의 세계가 존재한다. 이는 장차 우리 후배들이 개척해야 할 미래고, 역사 창조의 장일 것이다.

　연재의 글을 마감하는 오늘까지 행복한 길을 인도하여 주신 하나님과 개교 60주년 기념으로 나의 무인구 탐험을 도와준 경희대학교와 노스페이스에 감사를 전한다. 더불어 내가 걸어온 삶의 자취를 지면을 통하여 기록할 수 있도록 독려해 준 <사람과 산>에도 인사를 올린다. 이 글을 마칠 수 있도록 어려울 때마다 항상 힘이 되어준 사랑하는 가족에게 무한한 애정을 보낸다.

박 철 암

꿈을 가지고 도전하라

오 인 환

한국 히말라얀 클럽 회장
84. 86. 93년 에베레스트 원정 대장

　한국 산악 등반의 개척 영웅이자 나에게는 아버님 같은 고 中山박철암 교수님의 유고집에 짧게나마 발문의 글을 올리게 됨을 큰 영예로 생각합니다

　교수님께서는 고향 평안북도 고원 일대에서 소년 시절을 보내시고 20대에는 일제에 대항하여 잃어버린 조국을 위해 만주 용정 등에서 독립단에 합류하려던 중에 해방을 맞이하게 됩니다. 그 후 경희대에서 학생 산악 운동을 시작으로 대한산악연맹 태동, 특수체육회 등 산악 운동의 선구자로서 활동하시고 1962년에는 한국 최초로 미지의 세계였던 히말라야 다울라기리 원정이라는 도전을 이루셨습니다

　당시 전후 세계 최빈국이었던 한국에서 히말라야를 상상한 젊은이가 몇이나 있었겠습니까? 히말라야에 관한 정보, 여권 발급 문제, 원정 경비 등 몹시 어려운 여건 속에서도 자택을 처분해 가면서 첫 해외 원정을 감행하였던 열정은 자라는 후학들에게 귀감이 되는 큰 개척의 선구자셨습니다

　그 시절을 회고하면 1967년 가을 설악산 용대리에서 열린 각 대학 산악부 등 300여명이 참가한 설악제에서 교수님께서는 '꿈을 가지고 도전하라'는 말씀과 함께 다울라기리 원정 이듬해인 1963년에 출간한 『히말라야 다울라기리 산군의 탐사기』를 한 권씩 나누어 주셨습니다. 그 책은 당시 동대 산악부장이던 본인에게 1969년 세계 산악 원정을 6개월간 강행하게 됨과 더불어 히말라야 도전을 실행하게 되는 중요한 계기가 되었습니다

　그 후에도 교수님께서는 꾸준히 해외 원정과 탐험 활동을 계속하셨고 특히 1971년

거봉 로체샤르 원정으로 한국 산악계는 강호기, 장문삼, 박상열 등 굵직한 인물들을 배출하게 되었습니다

로체샤르 원정 뒤 29차에 이르는 티베트, 무인구 탐험과 티베트 고산 야생화를 연구하여 『티베트 무인구 대탐험』화보집과 『세계의 지붕 Tibet 꽃과 풍물』I.II 화보집을 출간하여 세상에 소개하셨습니다. 또한 산악 운동의 일환으로 한국 히말라얀 클럽 한국 티베트 협회를 창설하시고 산악 스타인 허영호·엄홍길·박영석등 세계적인 후배들을 키워주셨습니다.

개인적으로는 1990년 한·중 수교 전에 한국 최초로 시샤팡마, 초오유 원정에 함께 한 것을 큰 보람으로 생각합니다

교수님 활동 뒤에서 묵묵히 뒷바라지하신 사모님(강재연시인)은 틈틈이 여성 감각의 아름다운 시집을 수차례 발간하시고 자손들을 훌륭히 키워내셨습니다

교수님! 3년 전 하늘나라 가시기 전 "오대장! 우리 다음 봄에 네팔 트래킹 갑시다" 하시던 말씀, 항상 미소년처럼 웃으시며 산악, 탐험 이야기에 행복해하시던 모습이 환하게 떠오릅니다.

미지의 세계에 도전했던 교수님은 대한민국 산악 탐험의 개척자요 선구자이심을 기록하는 동시에 이 책이 또 한 번 이 땅의 많은 젊은이들에게 도전 정신을 일깨우는 계기가 되기를 바라며 추모의 글을 올립니다.

일러두기

이 책은 2010년 1월부터 2013년 9월까지 총 32회에 걸쳐 『사람과 산』에 연재하였던 『박철암교수의 산과
탐험의 생애』 원고를 가능한 원문 그대로 엮고자 하였고 독자의 이해를 돕고자 최소한의 문장 정리와
참고할만한 사진 자료를 추가 재배치하였다.

-편집자 주

CONTENTS

CONTENTS

1962년, 우리나라 최초로 히말라야 산군에
진출한 박철암 교수는 1990년 6월에 티베트를
처음으로 방문했다. 그로부터 24차례에 걸친
티베트 탐험을 통해 창탕고원의 무인구 탐험에
헌신했다. 신비에 가득 찬 지구의 마지막 공백
지대를 탐험하겠다는 老 교수의 탐험 열정에,
중국 측에서 한·중 공동 학술조사를 제의하기에
이르렀고 2007년 11월에 출발하여 세계
최초로 무인구 탐험에 성공하고 동년 12월 말에
귀환했다. 미지의 세계에 대한 줄기찬 도전과
탐험 정신이 일궈낸 거다란 성취였다. 박철암
교수의 산과 탐험의 생애를 연재한다.

『사람과 산』 편집자 주

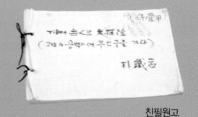

친필원고

무인구,
금단의 나라로

새들만이 오갈 수 있다는 금단의 나라로
4,600킬로미터의 무인구 횡단 출발
장서깡르산맥을 따라 무인구 중심으로
동토의 끝에서 산지조종(山之祖宗)의 대명사를 만나다
내 인생의 꿈, 무인구 횡단 이루다

새들만이 오갈 수 있다는 금단의 나라로
지구의 제3극, 티베트 무인구 대탐험

인류의 알고자 하는 욕구와 호기심은 인간 생명의 본질이며 부단히 미지에 대한 꿈과 실현을 추구해왔다. 이 꿈의 도전은 인류를 더욱 발전시켜왔으며 또 다른 많은 새로운 영역을 개척하게 되었다.

나는 우리나라 산악등반 여명기였던 1962년 히말라야 산맥에 매료되어 있었다. 당시에 히말라야 등반은 자살행위라고 만류하는 주변의 반대를 뿌리치고 살던 집을 정리하여 한국 최초로 히말라야 다울라기리 2봉을 등반한 적이 있다.

1971년 5월 중순, 히말라야 로체샤르 원정 도중에 학의 무리가 사람 인(人) 자로 대오를 지어 티베트로 날아가는 모습을 보며 깊은 생각에 잠긴 적이 있다. 그때 문득 스벤 헤딘 박사의 <티베트 탐험기>에 나오는 타클라마칸 사막의 로푸놀 호수와 티베트의 포탈라 궁이 떠올랐다. 지금은 새들만이 오갈 수 있다는 금단의 나라, 티베트! 나도 저 새들처럼 산을 넘어 티베트로 갈 수 있는 날이 언제쯤일까! 헤딘 박사처럼 티베트를 탐험하고 싶었다.

1988년, 그동안 금단의 빗장을 잠그고 있던 티베트가 개방된다는 반가운 소식이 나를 설레게 했고 미지의 세계에 대한 욕구는 나를 흔들어 깨우기에 충분했다. 이듬해

6월 20일, 박영배와 석채언 등 6명의 한국인이 처음으로 네팔에서 히말라야 산맥을 넘어 티베트로 들어갔다.

20년 전 로체샤르에서 언젠가는 그곳을 찾아가리라 다짐했던 티베트 고원의 통라 파스(5,050m)에 서니 감개가 무량했다. 어느 누가 말했던가! 누구라도 티베트 창탕(羌塘)고원에 단 1분이라도 설 수 있다면 평생에 잊지 못할 순간이 될 것이라고!

그 때 마침 한 유목민 소녀가 양떼를 몰고 가면서 들에 핀 꽃을 뜯어 피리를 불고 있었다. 적막한 고원에 삐삐하고 울려 퍼지는 꽃 피리 소리! 그 소리는 마치 별천지에서 들려오는 천상의 소리 같았다. 나는 그 소녀에게 꽃의 이름을 물었더니 '파파화(巴巴花)'라고 한다. 주위를 둘러보니 황량한 대지에 붉은색의 파파화 꽃이 수도 없이 피어 있는 모습이 얼마나 청신하고 아름다운지, 나는 그만 그 꽃들에 매료되어 그때부터 티베트 꽃을 연구하기로 결심했다. 그 후 티베트의 전역을 헤매고 다니면서 500여 종의 식물을 수집, 1998년에 『세계의 지붕 티베트의 꽃과 풍물』이란 책을 발간하였다.

1996년 여름, 식물의 학명을 알아보기 위해 티베트 라싸 대학을 방문했을 때 그 대학 총장으로부터 신기하고 호기심에 찬 이야기를 들었다.

"박 교수, 창탕의 북부 고원에 사람이 살지 않는 무인구(無人區) 지역이 있습니다. 그곳은 현재도 사람이 살 수 없으며 어느 누구도 이 세대에는 뛰어들지 못하는 베일에 가린 신비한 세계가 있습니다. 그러나 그곳은 국가 금구지역으로 누구도 들어갈 수 없습니다."

21세기 우주시대에 누가 창탕의 북쪽에 무인구 지대가 있는 줄 알았겠는가? 나는 그 말을 듣는 순간 흥분되어 가슴이 마구 뛰었다. 인류가 미지에 도전하는 꿈이 없었던들 어찌 오늘의 발전이 있을 수 있으랴! 나의 마음은 그때부터 창탕의 북부 고원으로 빨려들어가고 있었다.

무인구에서의 야영
본 탐험은 경희대학교와 대한산악연맹, 노스페이스 후원으로 이루어졌다

말커차카호 부근의 무명봉. 해발 5,200m 촬영

무인구의 신비

무인구는 어떠한 곳인가? 티베트의 아리(阿里)고원 일부 지역과 장북(藏北)고원의 서북부, 동북부의 광대한 지역을 창탕고원이라고 한다. 창탕은 북방의 하늘이라는 뜻이다. 면적은 60만 평방킬로미터이며 평균해발 고도는 4,500미터다.

지구의 제3극인 무인구는 그 창탕고원의 최북쪽에 위치하며 쿤룬산맥(崑崙山脈·2,500km)과 커커씨리(可可西里)산맥과 인접하고 있다. 서남으로 대 히말라야산맥(2,400km)과 깡디스(崗底斯)산맥, 넨칭탕구라(念靑唐古拉) 산맥, 그리고 형뚜안(橫斷)산맥으로 둘러싸여있다. 무인구의 면적은 20만 제곱킬로미터, 평균 해발고도는 5,000미터 이상이다.

기후가 험하고 겨울에는 영하 30도를 오르내린다. 또한, 생태계가 다르고 내세에도 사람이 뛰어들 수 없다는 그곳은 숱한 전설을 품은 채 존재하고 있었다.

창탕고원의 유목민에게서 들은 이야기로는 무인구의 장서깡르산(藏色崗日山)과 서우깡르산(色鳥崗日山)의 중간 지역에 이르면 모든 기기의 작동이 정지된다고 한다. 시계가 멈추고 라디오 소리도 정지되며 자동차 엔진도 꺼진다는 풀리지 않는 수수께끼 같은 이야기가 전해지고 있다. 마치 남태평양의 버뮤다 해협을 지나는 배들이 가라앉듯이!

또 그곳에는 매년 6월이 되면 창탕고원에 널리 퍼져있던 장룅양(藏羚羊)들이 새끼를 낳아 기르기 위해 무인구 중심부로 이동하는데, 그 수가 수만 마리에 이른다고 한다. 그때를 같이 하여 하늘에서는 기러기떼가 날아온다. 장룅양은 새끼를 낳고 기러기는 장룅양의 태를 먹으며, 장룅양은 기러기의 배설물을 먹으면서 공생한다고 한다.

무인구에서는 티베트에서 설신(雪神)의 꽃이라고 불리우는 아름다운 설련화(雪蓮花) 꽃이 있다. 이 꽃은 10여 종류가 있는데 어떤 것은 해발 6,000미터의 눈 속에서도 꽃을 피우며 아름다운 자태를 자랑한다. 이러한 무인구는 그 신비함과 심오한 자연을 간직한 채 가려져 있었다.

나는 1997년부터 그 실체를 찾아 무인구 탐험에 집중하기로 했다. 그러나 탐험에는

무인구는 신비함과 심오함을 간직한 채 가려져 있었다

매년 6월이면 수만 마리의 장룽양들이 새끼를 낳아 기르기 위해 무인구 중심부로 이동한다

세 가지 어려운 요소가 있다. 첫째, 무인구는 특수한 자연 조건으로 불가항력적인 요소가 있다. 둘째, 무인구는 국가 금구 지역으로 누구도 입산할 수 없다. 셋째, 아무리 무인구를 가고 싶어도 경제적 뒷받침 없이는 갈 수가 없다. 세 가지 모두 어려운 조건들이다.

내가 일생동안 산을 다니면서 배운 게 있다면 그것은 할 수 있다는 자신감이다. 산은 항상 강한 의지와 용기를 심어주었다. 무인구 탐험에 대한 열정도 그동안 산에서 얻은 인내와 신념에서 뒷받침되었다고 믿는다.

이 광활한 창탕고원에서 무인구로 들어갈 수 있는 지점은 네 곳이 있다. 서북방면으로 차부샹(察布鄉)과 창뚱(昌東), 룽마(絨瑪)가 있고 북동으로 쐉후(雙湖)가 있다. 나는 1997년부터 쐉후 지역에서 3차례, 창뚱에서 한차례, 차부샹에서 2차례, 룽마에서 4차례 모두 10차례 입산을 시도했으나 룽마 이외의 지역에서는 실패했다.

실패한 원인은 그 당시 무인구에 대한 정보가 없었고 더욱이 국가 금구 지역을 허가 없이 무리하게 도전하고 있었기 때문이다. 무인구는 봄부터 가을까지 3계절에 계절성 하천이 범람하고 거대한 습지가 널리 분포하고 있어 차량이나 보행이 거의 불가능하다.

그러나 2003년 단독으로 룽마에서 처음으로 90킬로미터를 진출하여 말커차카(瑪爾果茶) 호수에 도착했다. 호반에는 신기하게 보이는 유목민 집이 있었다. 호숫가 언덕에 집이 한 채 있고 멀리 설산이 솟아 있는데 검푸른 호수에 설산의 영상이 드리우고 있었다. 더 할 수 없이 아름답고도 정적한 곳이었다.

고요한 호반에 차 소리가 울리자 두 여인이 달려 나왔다. 티베트는 자외선이 평지보다 15배 강하여 60대로 보이는 여인은 얼굴에 자외선 방지를 위해 하얀 물질을 바르고 있었다. 나는 한국에서 가지고 온 선물을 전하고 이 집에서 하룻밤을 자고 싶다고 했더니 그들은 쾌히 승낙했다. 물론 천막은 가지고 왔지만 그토록 갈망하던 무인구에서 유목민과 하룻밤을 지내게 되었으니 나에게는 더 없는 청복이리라.

짐을 들고 흙담으로 된 울타리 안으로 들어서니 처마 밑 양지바른 곳에 한 어린아이가 양가죽 포대 속에 꽁꽁 묶인 채 햇볕을 쪼이고 있었다. 방 안에도 두 아이가 역시 양가죽 속에 들어 있었다. 실은 어른들이 들에 나가 방목하는 동안 아이들은 온종일 양피 속에서 꼼짝도 못하고 있는 것이다. 일제 말기 만주를 방랑하다 대흥안령(大興安嶺)에서 소수 민족인 '오로쫀'족을 만난 적이 있었는데, 그들도 아이를 품에 안고 기르지 않으며 바구니 속에 넣고 기르고 있었다. 아이가 보채면 엄마가 바구니를 안고 엎드려 젖을 물린다. 모두 환경에 따른 풍속이라고 하겠다.

두 여인이 방을 거두고 난로에 쇠똥(야크분)을 넣고 불을 지피니 방안은 금세 훈훈해졌다. 저녁이 되어 방목 나갔던 노인과 젊은 사람이 돌아왔다. 나는 서울에서 가지고 온 쌀로 밥을 짓고 같이 식사를 하면서 그들에게서 기이하고 흥미있는 이야기를 들을 수 있었다. 그들의 고향은 니마(尼瑪)인데 이곳에 천연 목초지가 있어 먼 곳까지 올라와 유목생활을 하게 되었다고 한다.

어느 해 추운 겨울, 폭설이 내리고 가축이 먹을 것이 없어 양들이 처참하게 떼죽음을 당했을 때 야크들은 서로의 등에 붙어있는 이와 진딧물을 핥아먹으면서 살았다고 한다. 그 해 겨울 굶주린 곰 한 마리가 와서 창문을 두들겨 부수고 방으로 들어오려고 하는 것을, 횃불을 켜들고 방망이로 통을 두들기며 쫓아냈다고 한다. 이런 무인구의 신기한 이야기들을 들으며 밤을 지냈다.

다음날 아침 서울에서 준비한 고무보트를 가지고 호수로 나갔다. 호수의 해발고도는 4,830미터, 길이는 3킬로미터, 폭은 약 800미터 정도 되는 것 같았다. 우선 호수의 물을 떠서 맛을 보니 아주 짜디짠 염호(鹽湖)였다. 수초도 물고기도 없었으며 수심은 10미터 쯤 되었다.

호수 중심부에 이르니 바람이 일기 시작했다. 만일의 경우 보트가 뒤집히면 헤엄쳐 나가리라 하고 마음을 먹었으나 무사히 탐사를 마치고 호반에 돌아오니, 내 옷은 파도가 쳐서 튀긴 물방울이 말라 소금이 되어 허옇게 붙어 있었다.

2003년에는 3인(박철암, 이동승, 박종석)의 탐험대가 장서깡르산맥으로 진입하려고 했다. 현지 유목민의 말에 의하면 장서깡르산과 서우깡르산의 중간 지역에 이르면 원인 모르게 모든 기기가 정지된다는 이야기를 들었다. 시계도 멈추고 라디오도 멈추고 자동

써린초호에 낮은 구름이 내려앉았다. 해발 4,530m 촬영

무인구로 들어가는 초입의 유목민 가옥

말커차카 호반에서 만난 유목민 아기가 햇볕을 쬐고 있다

차도 '푹푹'하다가 꺼진다고 했다. 우리는 그 기괴한 현상을 확인하기 위해 찾아가고 있었다.

그런데 말커차카지역에서 기이한 일이 발생했다. 한 대원이 호수로 물을 길러갔다가 개울에서 머리를 감았는데 귀국해서 얼마 되지 않아 머리털이 귀 뒷부분만 남겨놓고 몽땅 빠졌다. 유목민에 의하면 무인구에 많은 호수 중에 독소가 있는 호수가 있어 잘못 마시면 전신에 붉은 반점이 생기므로 주의하라고 일러주었다. 그는 그 후 3개월이 지나서야 머리털이 나고 원상으로 회복되었다고 한다.

중국측에서 무인구 공동학술조사를 제의해

나는 말커차카 호수의 수질을 검사하기 위하여 물병에 물을 담아 가지고 목적지로 향했다. 말커차카호를 떠나 서북으로 40여킬로미터 달려 쯔라툰(孜拉屯)고원에 이르렀다. 바라보니 광막한 고원에 서우깡르산이 흰 모자를 쓰고 있는 듯 우아한 모습으로 솟아 있고, 산 밑으로 야생 당나귀들이 뛰놀고 있었다. 그런데 뜻밖에 커다란 습지가 나타났다. 기사가 먼저 발을 벗고 건널 수 있는지 알아보는데 발목이 빠졌다. 돌을 주어다 깔고 건너보려고 했으나 습지가 너무 넓어서 손을 쓸 수가 없었다. 할 수 없이 다른 곳에서 길을 찾으려고 차부샹까지 갔으나 뜻을 이루지 못했다. 이렇게 2003년도의 무인구 탐험 시도는 무위로 끝났다.

2005년 봄에 다시 무인구 입산을 시도했다. 목적은 장룅양이 무인구로 이동하는 광경을 관찰하기 위해서다. 무인구에 5월이 오면 창탕고원에 널리 퍼져 있던 장룅양들이 새끼를 낳아 기르기 위해 안전지대인 무인구를 찾아 대이동을 하는데 그 수가 10여만 마리에 이른다고 한다. 그 광경은 마치 산이 움직이는 것 같다고 한다.

나는 양떼의 이동하는 장면을 목격하기 위해 장서깡르산맥 지역으로 이동했다. 그때가 5월 7일이었는데 무인구가 시작되는 룽마에서 우루차카(烏如茶佧)라는 고원을 지나 장서깡르산맥에서 발원하는 텐수이허(恬水河)까지 약 260킬로미터 전진하면서 살

룽마에서 만난 티베트 유목민

펴보았으나 큰 무리의 이동은 보지 못하고 간간히 7~8마리가 산 밑에서 달리고 있었을 뿐 대이동은 없었다.

유목민에게 연유를 물으니 계절에 따라 차이는 있으나 대개 6월초에 볼 수 있다고 하였다. 무인구는 갈수록 신비한 곳으로 느껴졌다. 우루차카고원을 지날 때의 일이다. 느낌이 이상해서 땅속을 팠는데 흑사(黑沙)가 나왔다. 주변 몇 곳을 파 보았는데 고원 전체가 검은 모래가 깔려 있었다. 주변에는 산도 먼 곳에 있었다. 무인구는 왜 흑사가 있는가! 나는 탐험 과제로 흑사를 담아 가지고 왔다.

2007년 5월 다시 무인구 탐험을 시도했다. 라싸에서 전해들은 이야기로는 작년에 한국인 5명이 무인구로 들어가려고 하다가 체포되어 북경 한국대사관으로 이송되었는데, 그 사실을 아느냐고 묻기에 나는 처음 듣는 이야기라고 했다. 자연히 신경을 쓰게 되어 조심하면서 말커차카호로 들어갔으나 상황이 순탄치 않아 즉시 돌아서서

280킬로미터를 헤매다 라싸로 돌아왔다. 이렇듯 1990년부터 티베트 입산 횟수는 10차례, 티베트에서 주행거리는 약 15만킬로미터가 넘는다. 그동안 온갖 시련에서 생사의 고비를 넘긴 것도 세 차례다. 참으로 고난의 길이었다.

그러나 시련을 겪을 때마다 신비한 무인구는 나에게 더 강한 신념을 길러 주었다. 뜻이 있는 곳에 길이 있다고 했듯이 24차례나 티베트를 오가며 무인구에 집중하고 있는 나를 티베트 당국자들이 측은하게 보았음인지 2007년 여름 무인구를 헤매다 라싸로 돌아왔을 때 장북고원 무인구 과고단 科考團組委會에서 반가운 소식이 들려왔다. 즉 한·중 공동으로 무인구 학술조사를 하고 싶다는 제의다. 참으로 나에게 찾아온 절호의 기회였다. 나는 즉시 다음과 같이 협약을 체결했다.

<협약내용>
지구 제3극 생명금구 장북고원 무인구 국제학술 조사 최종 확인서(世界 第3極 生命禁區 藏北高原 無人區 國際學術 調査 最終 確認書)
… 나는 일찍이 수 차 중국 공정원 원사(院士) 저명한 호수 전문가 정금평(鄭錦平)과 한국 경희대학교 명예교수 박철암과의 수 차 협상에 동의, 2007년 11월 20일 전후로 저명한 전문가 2~3명과 같이 장북고원 무인구의 무쯔타거봉(木孜塔格峯)과 장훙후(長虹湖) 일대로 들어가 학술조사를 한다. 한국측 경비부담 5만3,000$. 2007년 6월 6일

이와 같이 양측이 확인서에 서명하여 협약은 끝났다. 그런데 티베트 당국에서는 다음 사항을 강조하고 있었다.

"박 교수님은 무인구에 다만 한 번은 갈 수 있으나 두 번은 갈 수 없습니다."

그 옛날 스벤 헤딘 박사는 중앙아시아의 대부분의 지역을 탐사했다. 그러나 티베트 창탕고원의 북부에 위치한 무인구는, 그 이름조차 알려져 있지 않았었다. 나는 세계의 탐험가들이 누구도 들어가보지 못한 무인구를 최초로 탐험하게 되었다. 다행히 경비는 경희대학교와 대한산악연맹, 노스페이스社, 그리고 가족의 협조로 해결되었고 순조롭게 진행되어 2007년 11월 20일 티베트로 향했다.

4,600킬로미터의 무인구 횡단 출발
만주 독립단을 찾아 헤매던 청년시절을 회상

라싸에 도착한 다음날 저녁, 이번 탐험대에 참가할 대원 전원이 모였다. 한국인 박철암 경희대명예교수 1명과 중국인 호중해(昊中海) 북경지질과학원박사, 진문서(陳文西) 박사, 니마차인(尼瑪次仁) 서장지질조사대원, 기타 천문학자, 의사와 통신사, 기사, 요리사 등 14명이다.

우리는 협의 끝에 다음과 같이 탐험계획을 세웠다. 첫째, 탐험대는 무인구를 넘어 양후(羊湖)를 탐험한다. 두번째, 무인구를 횡단 융퍼초(涌波錯)호수와 무즈타거(木孜塔格)봉 지역을 종합 탐험한다. 셋째. 초니(錯尼)호수, 파모췌중(巴毛窃宗), 췌단초(碻旦錯)를 탐험한다.

총 거리는 약 4,600킬로미터, 실로 무인구 횡단이란 사상 초유의 방대한 계획이 결정되었다. 성공을 기원하면서 서로가 격려하고 있었다. 그 이튿날부터 원정준비에 바빴다. 차량은 8톤 트럭 2대, 고산용 지프 2대, 기름 20드럼, 발전기 1대, 대형 천막 2개, 소형 천막 1개, 슬리핑백은 티베트 유목민이 사용하는 침구 속에 양피를 넣어 개조했다. 통신기와 나침반, 우분 50포대, 가스도 준비했다. 식량은 폭설이 내려 고립될 것을 감안하여 야크 2마리와 양 2마리를 잡았고 쌀과 채소, 통조림, 계란 350개 등 모두 2개월분을 준비했다.

2007년 12월 1일 아침 8시 40분, 씨장(西藏)호텔 앞에서 발대식을 갖고 라싸를 출발하여 빤가센(班戈縣)으로 향했다. 가는 길에 잠시 나무초(納木錯)에 들렸다. 나무초는 티베트의 수많은 호수 중에 경치가 아름다운 최고의 명승지다. 호수 면적은 1,920평방킬로미터이며 해발고도는 4,718미터로 티베트에서 천해(天海)라고 부른다. 12월인데도 얼지 않았고 남쪽으로 10여 킬로미터 떨어진 곳에 넨칭탕구라산(念靑唐古拉山·7,111m)과 주변의 설산들이 어울려 언제 보아도 아름다웠다.

나무초에서 빤가센으로 가는 길에는 빤가(班戈)호수가 있다. 지난 10여 년 동안 이곳을 지날 때마다 호반에서 쉬어갔다. 해발고도는 4,522미터이고 면적은 54평방킬로미터인 염호다. 나무초호수는 최고의 명승지고 빤가호는 매우 아름다운 곳이다.

호수는 커다란 분지에 길게 누웠는데 둘레에는 소금물이 파도에 밀려 쌓인 흰 소금띠가 둘러있다. 올해는 눈이 많이 내려 산과 호수, 하늘이 참으로 아름다웠다. 더욱이 호수 중심부로 흰 소금띠가 둑처럼 구부러져 뻗어있는데, 그 모습이 천계(天界)의 다리같이 보여 잊을 수가 없다.

우리는 기념사진을 찍고 빤가센으로 향했다. 그리고 3일 후 무인구가 시작되는 마지막 마을인 룽마(絨瑪)에 도착했다. 이곳은 8~9년 전만 해도 한촌이었는데 지금은 주변에 명승지가 있고 이푸차카(依布茶卡)호반에 목초지가 있어 유목민이 들어와 30여 호에 이르렀다. 일행은 초대소에 숙박하고 나는 상파(桑巴)네 집으로 갔다. 상파는 유목민으로 2002년 무인구 말커차카 탐험시 동행한 것이 인연이 되어 그 후에도 여러 번 같이 산행을 했다. 내가 그의 집으로 들어가자 몹시 반가워하는 그들 부부는 음식을 준비하고 침구도 새것으로 내놓으며 밤늦게까지 난로에 불을 피워서 그날 밤을 따뜻하게 보낼 수 있었다.

룽마는 해발 4,557미터, 마을 바로 앞에는 이푸차카호수가 있다. 호수의 면적은 100평방킬로미터로 지금은 결빙되어 볼 수 없으나 여름철에는 명주(明珠)같이 아름답다. 호반에는 천연목장이 있는데 목초가 풍부하여 양떼들이 겨울에도 눈 속을 뒤지며 풀을 뜯고 있었다. 그리고 마을 뒷산 쟈린산(加林山)에는 고대 석기시대의 암화지대

무인구의 야생 야크

무인구로 향하는 탐험대의 차량 행렬

얼어붙은 말커차카호. 룽마에서 서북으로 90Km 떨어진 곳에 위치한다. 해발 4,830m 촬영

(岩畵地帶)가 있다. 암벽에 그린 그림이 아니고 여기 저기 흩어진 큰돌에 야크와 양을 수렵하는 장면, 달과 해를 그린 우주의 모습이 있었는데 모두 화풍이 소박했다. 그 중 어떤 그림은 풍화작용으로 침식된 것도 있다. 옛날 이곳에 살던 석기시대 사람들은 왜 이 높은 산에 그림을 그려 남겼을까! 그 시대에도 걸출하고 명철한 사람이 있었던 것으로 생각되는데 앞으로 연구할 과제라고 생각하면서 산에서 내려왔다.

마을에서 1킬로미터 떨어진 홍산(紅山) 계곡에 노천온천이 하나 있다. 룽마에 오면 이곳에 올라와서 발을 담그고 쉬어가던 곳이다. 온천의 크기는 7~80평 정도인데 수면

룽마근처 홍산계곡의 노천온천. 항상 물안개가 서려 있다

한곳에서는 온수가 부글부글 소용돌이치고 항상 물 안개가 서려있다. 바위틈에서도
온천수가 들끓고 공중으로 뿜어대는 분기공도 있다.

상파가 말하기를 옛날 이곳에는 인골 치아 화석이 있었는데 언젠가 없어졌다고 하
면서 떼어간 자리를 지적했다. 사실 여부를 알 수 있으랴마는 이 지대가 옛날 화산지
대였으며 바위틈에 단층이 있는 것으로 보아 그 단층의 석질에 어떤 변화가 있었던 것
으로 추정된다.

오후 늦게 온천에서 돌아오니 상파부인이 저녁준비를 하고 있었다. 나는 무인구에

서 기름진 음식을 먹지 않기로 했다. 지난 해에도 야크 고기를 잘못 먹고 크게 고생한 일이 있었는데, 만일 무인구에서 병이라도 나면 나로 인해 전원이 철수하는 일이 발생될까 우려했기 때문이다. 그래서 아침에는 죽을 먹고 저녁에는 밥을 지어 먹었다.

오늘 메뉴는 서울에서 가지고 온 쌀로 밥을 짓고 반찬은 굴비와 단무지, 들깻잎 통조림이다. 서울에서도 좀처럼 먹기 어려운 굴비는 이곳에서 선물받은 것으로 이것에 얽힌 재미있는 사연이 있다. 티베트 라싸에는 5년 전부터 조선족이 운영하는 한국 식당이 세 곳 생겼는데 아리랑식당 두 곳과 한국식당이 한 곳 있다. 최근에 기차가 들어오면서 관광객이 폭증해 2007년에 들어온 한국 관광객만 2만명이다. 라싸 인구도 10년 전에 25만 명이었는데 지금은 100만 명으로 늘어났다. 그래서 한국식당은 매일 만원으로 문전성시를 이루었다. 나는 라싸에 도착하면 으레히 빠죠제(八角街) 근처에 있는 아리랑식당에서 된장국을 먹으며 향수를 달랬다.

어느날 우연히 식당주인과 아주머니와 같이 고향이야기를 나눈 적이 있다. 아주머니의 고향은 원래 경남 울산인데 일제시대에 부모를 따라 만주 지린성(吉林省)에서 살다가 5년 전에 이곳에 왔다고 한다. 부모는 무엇을 하시며 살았느냐고 묻자, 어렸을 때 일이라 잘 모르지만 아버지가 총을 갖고 있었던 것으로 보아 독립운동을 하신 것 같다고 한다. 더욱이 놀라운 사실은 그들 부부가 선교사로 복음을 갖고 이곳 백사지 땅에 와서 하나님의 사랑으로 장족의 영혼을 섬기고 있다는 것이다. 나는 그 말을 듣는 순간 가슴이 뭉클해졌다.

나는 2006년, 북경에 사는 조선족 서선범 사장의 아들 결혼식에 초청을 받고 참석한 적이 있다. 그때 그는 술이 얼큰히 오르자 품고 있던 속마음을 털어놓았다. 사람들이 독립단을 너무 몰라준다며 서 사장의 부모도 독립운동을 하느라 만주에서 이주하여 독립투쟁을 했다는 것이다. 나는 또 한 번 가슴이 찡해옴을 억지로 참느라고 애썼다. 사실 그들이야말로 숭고하고 고귀한 분들이 아니었던가!

나도 오랫동안 마음속에 품고 있던 비밀 사연을 털어놓았다. 1943년 일제 말기, 독립단을 찾아가 만주의 심양(瀋陽)과 양모림자(楊母林子), 그리고 연변(延邊)의 개산톤(開

사람이 접근해도 경계하지 않는 무인구의 동물.
티베트어로 '쓰리'라고 부른다

무인구의 늑대. 사진 촬영하는 동안에 피하지 않았다

山屯)까지 헤매며 청년시절의 한때를 보냈던 일이 생각났다.

그때 독립단을 찾아다니며 익힌 중국어가 지금도 티베트에서 많은 도움이 되고 있음을 감사하고 있다. 그들은 나의 중국어 실력을 보고 처음에는 조선족으로 알았다고 한다. 그리고 그 식당 아주머니는 나의 독립단 이야기를 듣자 부모 생각이 났는지, 그 이튿날 험한 길에 입맛을 잃지 말아야 한다며 굴비 10마리와 들깻잎 통조림 5개를 챙겨주었다.

나는 숙소로 돌아와 굴비를 맛있게 먹어보려고 난로불에 굽고 있는데 마을 사람 7~8명이 몰려왔다. 그들은 조기 굽는 냄새가 방안에 가득한 것을 보고 질색을 했다. 여기 윗자리에 부처님을 모셔 놓았는데 부처님 앞에서 고기를 굽는 것은 삼가야 한다며 난로에 향을 태웠다. 나는 그들 앞에서 굴비를 먹을 수 없어 뒤로 돌려놓았다.

장서깡르산맥을 따라 무인구 중심으로
습지와 동토지대를 지나 무인구 최대 산맥에 진입

12월 6일, 룽마(絨馬)를 떠나 무인구로 향했다. 목적지 양후(洋湖)까지는 1,000킬로미터다. 우(吳) 박사가 가지고 있는 지도를 펴보니 우리가 지나온 지역은 선도 점도 없는 공백지대였다. 거리를 짐작으로 추리하며 탐사해 나아갔다.

일반적으로 무인구라고 하면 동쪽으로 싸장산(沙江山)에서 서쪽으로 무까쉐산(木嘎雪山)에 이르는 땅이다. 그러나 나의 견해는 동으로 솽후(雙湖), 서로는 룽마 이북을 무인구라고 하는 것이 타당하다고 생각한다. 왜냐하면 무까쉐산과 룽마에는 유목민이 들어와 목축하고 있지만 솽후와 룽마 이북에는 사람이 전혀 살지 않기 때문이다. 특히 북방고원은 전설 속에 나오는 신비의 땅이다.

탐사대의 원래 계획은 깡탕초(崗塘錯) 방면으로 진출하는 것이었다. 그러나 쟈린

무인구에서 중국 대원들과 야영을 하고 있다

태고의 신비를 간직한 무인구

산(加林山)에 눈이 많이 내려서 이푸차카(依布茶布)호의 원류, 장아이장푸(江愛藏布)강을 따라 오르기로 했다. 지구에서 제일 높고 광대한 무인구에 들어선 것이다. 이곳은 누구도 밟지 않은 태초의 땅이며 신선한 곳이다.

나는 무한한 고원을 돌고 돌아 구릉지대에 올라서자 베일 속에 묻혀 있던 비경이 눈앞에 펼쳐졌다. 사방천지가 하늘과 땅이 맞닿아 있는 원대하고 망망한 고원이다.

"지구에 이런 곳이 있었다니!" 이 세상 풍경이라고는 믿기지 않는 풍광이다. 마치 태초의 모습을 보는듯 했다. 바람 소리에도 원시의 숨결이 들리는듯 했고, 돌 하나에도 태고의 것이 느껴진다.

동토에는 시들어 말라버린 키 작은 풀이 드물게 나 있었고 스산하게 나부꼈다. 아무런 생명체도 없고 모든 것이 정지된 것 같은 원시의 경외심이 나를 압도 한다. 나는 지금 인류 최초로 무인구에 서서 지구 태고의 모습을 보고 있는 것이다. 가슴 벅차고 숨이 막힐 것 같아서 "아! 무인구"하고 절로 탄성이 터졌다.

해발 5,200m의 광막한 무인구 고원을 달리고 있는 탐험대
마치 지구 태초의 모습을 마주한 것 같았다

태고의 것, 무인구의 호수와 습지

얼마 후 낮은 지대로 내려오니 그곳에는 물이 고여 있었다. 말라버린 특수한 습지대임을 한눈에 알 수 있었다.

티베트에는 호수가 1,000여개 있다. 그중 장북(藏北)고원에는 1평방킬로미터 이상의 호수가 497개, 5평방킬로미터 이상의 호수가 307개다. 호수 대부분이 염호인 이유는 티베트고원이 아득한 옛날 바다였음의 방증이다.

우 박사 말에 의하면 지금부터 2억 5,000만년 전, 티베트는 터티스해라는 바다였다고 한다. 당시의 터티스해는 지중해에서 티베트 고원을 거쳐 중국해까지 바다로 연결되어 있었다고 한다. 이후 3~400만년 전에 인도 대륙이 북상, 유라시아와 충돌하면서 지각이 융기하여 히말라야산맥과 티베트고원이 생성됐다고 한다. 이를 증명이라도 하듯 딩그리와 쌍후 지역에서는 조개 화석이 출토되었다.

티베트인들은 호수를 초(錯)라고 부르고 염호를 차카(茶卡)라고 한다. 호수와 강에는 15종의 물고기가 산다. 그리고 호수에만 서식하는 풍년충(豊年虫)이란 희귀한 곤충도 있다.

나는 티베트를 방문할 때마다 낚시 도구를 챙겼다. 가장 큰 이유는 하천에 서식하는 어족을 관찰하는 것이었고 두번째는 낚시를 하고 싶어서이다.

티베트에서 처음 낚시를 한 곳은 마나사로바르 호수에서다. 푸른 호수에 낚시를 던졌더니 고등어만한 큰 고기들이 계속 잡혔다. 흥이 나서 낚시를 한참하고 있는데 갑자기 나타난 호수 관리인은 내가 잡은 물고기는 삼 년에 한 번씩 잡을 수 있는 보호 어족이라고 했다. 보호해야 할 물고기라는 말에 잡은 고기를 방류하려고 하자, 그는 기왕 잡았으니 가지고 가라고 한다. 이름을 물으니 툰바란다. 산모가 이 물고기를 삶아서 먹으면 힘이 생겨서 순산 한다고 한다.

물고기를 가지고 텐트로 돌아온 나는 고추장을 풀어 고기를 끓여 먹었더니, 이튿날 아침 정말 힘이 생기는 것 같았다. 툰바는 확실히 몸에 좋았다.

장북고원에는 5㎢ 이상의 호수가 307개 있으며 대부분이 염호이다

해발고도 5,000m에서 바라본 무인구의 비경

2005년 5월 9일, 장서깡르산맥 탐험을 마치고 돌아오는 길에 자장푸(加藏布)강 강변에서 숙박하게 되었다. 전날 마나사로바르 호수의 툰바가 다시 생각이 나서 주인집 사람들과 함께 강으로 고기잡이를 나섰다. 자장푸강은 강폭이 80~90미터 되는 큰 강으로 엷은 흙색 물이 도도하게 흐르고 있었다. 강 옆으로는 커다란 웅덩이가 있었는데 고기가 몰려 있는 것 같았다. 나는 옛날 솜씨를 발휘, 40미터짜리 그물을 친 후 돌을 던져 고기를 한쪽으로 몰았다. 그물을 살펴보니 족히 2~3킬로그램은 되어 보이는 툰바 40마리가 걸려 있었는데, 그 무게가 그물을 들지 못할 정도로 상당해 여러 사람이 합심해 끌어올렸다. 고기를 그물에서 떼어낸 후 자세히 살펴보니 머리는 숭어 머리처럼 투박하게 생겼으며 등은 푸르고 배는 흰색인데 비늘이 없었다. 티베트인들과 함께 고기를 푸짐하게 끓여 먹었다. 이튿날 아침에 일어나니 전날처럼 몸에 생기가 확 돌았다.

무인구 최대산맥으로

무인구 습지에는 수천만년 동안 특수한 자연조건으로 형성된 규율과 법칙이 있다. 무인구는 지하 1미터만 파내려가도 동토(凍土)다. 하지만 여름이 되면 빙하 녹은 물과 빗물이 지하에 스며들었다가 빠지지 못하고 다시 지상으로 배출되어 습지가 된다. 일단 습지대가 형성되면 주위로는 낮은 온도에 사는 볏과 식물과 이끼류 식물들이 자생하며, 새들과 곤충이 날아오며 아름다운 꽃도 핀다.

무인구에 서식하는 대표적인 조류는 황색 오리, 기러기, 검은목두루미 등이며 여름을 이곳에서 나며 번식한다. 야생동물도 많은 종이 살고 있는데 야생 야크, 야생 당나귀, 늑대, 설표, 여우, 장룅양, 황양, 곰 등이 대표적이다. 현재 창탕고원과 무인구에 서식하고 있는 야생 야크의 총수는 1만 마리, 야생 당나귀는 3만 마리로 추산하고 있다. 이와 같이 습지대는 동물과 조류의 식생을 보존하는 생명의 원천으로 생태계에 중요한 의미를 가진 곳이다.

나는 봄, 여름, 가을에 수차례 무인구 진입을 시도했다. 그러나 차가 지날 수 없는 습지대 때문에 번번이 실패했다. 세상에 절대가 있으랴마는 여름철 무인구 습지대 통과는 불가항력이라고 말할 수 있다. 그러나 겨울이 오면 모든 습지와 늪지대가 말라 버리거나 동토가 되므로 길이 열린다.

그래서 본대의 탐험 시기를 겨울에 맞추게 된 것이다. 그러나 동계에는 폭설이 내리고 영하 30도를 오르내리는 냉혹한 추위를 감내해야만 한다.

우리는 동토의 습지대를 달리고 달려 바람을 막아 주는 어느 산비탈 아래 1캠프를 설치했다. 15인용 대형 천막 두 개를 치고 야크 분으로 불을 피웠다. 천막에서 파란 연기가 뿜어져 나왔다. 인간이 처음 무인구에 들어와서 불을 피우게 된 것이다. 해가 기울자 하늘이 붉은색, 오렌지색, 검은색으로 다양하게 변하고 있었다. 무인구에서만 볼 수 있는 아름다운 노을이다.

우리는 얼음 녹인 물로 밥을 짓고 큰 솥에 야크 고기를 삶아 먹었다. 대원 모두 밝은 표정이므로 전도가 안심되었다.

12월 7일, 아침 기온 영하 26도였고 날씨는 쾌청했다. 오늘 일정은 장서깡르산맥을 따라 무인구 중심부로 북상하는 것이다. 무인구에서 제일 큰 산맥인 장서깡르산맥의 최고봉은 6,460미터다. 이 산맥은 서북으로 길게 뻗어 있는데 후면에 푸러초(布若錯) 호수와 아름다운 조화를 이룬다. 또 산맥에서는 많은 하천이 발원하는데 그 중 제일 큰 강이 텐수이허(甛水河)이다. 무인구의 하천은 대부분 내륙 호수로 흐르는데 많은 하천은 우기와 눈과 얼음이 녹을 때만 물줄기가 있고 흐르다가 끊기는 특성이 있다. 그러므로 무인구의 하천은 계절성 강으로 겨울에는 건천이 된다. 그러나 텐수이허는 큰 강으로 투퍼초(吐坡錯·4,901m)로 흘러간다.

나와 텐수이허는 깊은 인연이 있다. 2005년 5월 7일 무인구의 양떼 이동을 추적하기 위해서 우루차카(오여茶布)를 거쳐 텐수이허까지 진출했으나 강을 건널 수 없어 돌아선 적이 있다. 그러한 인연으로 다시 만나니 감회가 깊었다. 지금은 단단히 결빙된 강을 막힘없이 건넜다.

무인구의 중심을 향하여 잠시 포즈를 취한 필자

장서깡르산맥은 첩첩한 산들이 파장형으로 이어져 무인구 중심지대까지 뻗어 있다. 오후 6시 날이 저물어 어느 산비탈에 도착해 2캠프를 설치하고 야영을 했다. 해발 고도는 5,500미터. 밤중에 누가 "박 교수님 하늘에 별이 가득해요"라고 하여 나가보니 정말 온 하늘에 큰 별들이 총총했다. 은하수도 뚜렷했다.

그런데 멀지 않은 곳에 주먹같이 큰 불덩어리가 이쪽을 노려보고 있는데 불빛도 약간 움직이는 듯하였으며 철철 흐르는 것 같았다. 티베트인들에게 물으니 큰 짐승이라고 하였다. 그리고 또 다른 작은 불빛이 10~20개가 화살처럼 지나가는데 그것은 황양(黃羊)의 무리라고 하였다. 짐승들이 야행하는 모습이었다.

별들이 가득한 먼 하늘에서 유성(流星)이 흐르는 데 잠깐이지만 길게 밝은 빛을 남기고 사라진다.

인생도 저렇게 유성처럼 빛났으면 얼마나 좋을까! 나는 오늘 한 대원이 주운 운석(隕石) 하나를 기념으로 받았다. 형태는 원형이고 지름은 6센티미터다. 색깔은 검은색인데 영롱한 홍색이 들어 있다. 이번 탐험에서 또 하나의 값진 선물이라고 하겠다.

장엄한 장서깡르 산맥. 양후로 가기 위해 탐험대는 장서깡르 산맥을 따라 북상하기로 했다. 해발 5,700m 촬영

동토의 끝에서 산지조종(山之祖宗)의
대명사를 만나다

무인구 횡단 11년만에 성공, 양후 탐사에 나서다

동물의 낙원 무인구

미지의 땅인 무인구! 이 장엄한 땅의 주인공은 야생동물이다. 대표적인 종(種)이 야생 야크, 야생 당나귀, 여우, 늑대, 장링양, 황양 등이고 개체 수가 적지만 곰과 설표 또한 볼 수 있다.

인간의 손길이 닿지 않는 곳이기에 이곳의 동물들은 사람을 알아보지 못했다. 탐사대가 어느 고원을 지나가다가 늑대 한 마리를 만났다. 그 늑대는 사람을 처음 보는 탓인지 아니면 사람을 같은 짐승으로 보아선지 아무런 표정이 없었다. 늑대가 달려들까 봐 두려운 마음도 있었지만 늑대의 태도는 우리를 바라만볼 뿐 변화가 없었다. 가까이 가서 사진을 찍어도 피할 생각을 하지 않는다. 아마도 그는 우리를 침입자로 생각하지 않았던 것 같다.

늑대 바로 옆에는 얼굴이 호랑이처럼 무섭게 생긴 짐승 한 마리가 엎드려 있었는데 귀는 뾰족하고 다리는 짧았으며 털은 우윳빛처럼 희고 머리에는 검은 털이 섞여 있었다. 대원들은 사진을 찍느라고 야단법석이었는데, 그 동물 역시 조용히 우리를 바라볼 뿐 큰 동요가 없었다. 무인구는 인간과 동물이 공존할 수 있는 평화의 낙원 같았다.

세상 어디에 이런 곳이 있겠는가! 천만년을 이어 내려온 태초의 생태계는 원시적 풍경이었다. 내가 찍은 사진 속의 동물들의 모습은 너무나 순수했다.

그럼 이 짐승들은 추운 겨울에 무엇을 먹고 사는가! 야생 야크와 양들은 눈 속에 묻혀 있는 마른 풀을 뜯어 먹는다. 그리고 늑대와 같은 육식 동물은 양과 토끼, 고산 들쥐를 잡아먹고 산다.

양후 탐사에 나서다

12월 8일, 아침 기온이 영하 30도까지 내려갔다. 하지만 막 피어오른 햇살이 대지에 퍼지자 영하 16도까지 누그러졌다. 식사 후 우(吳) 박사와 오늘 일정을 협의했다. 나는 지도를 보면서 "양후(羊湖, 4,778m)'까지 며칠이면 갈 수 있느냐?"고 물었더니 3일이면 충분하다고 한다.

생각컨대 무인구 횡단은 경험이 있는 사람이라도 이전 탐사길을 다시 찾아가기란 불가능 하다고 생각된다. 무인구와 히말라야산맥과는 스케일과 환경이 전혀 다르기 때문이다. 히말라야산맥은 어디를 가도 산록에 안겨져 있으며, 삶을 이어가는 길이 있다.

하지만 무인구는 평균 해발 고도가 5,000미터에 이르는 동토이며 길을 헤아릴 수 없는 미지의 땅이기 때문이다.

탐사대는 험한 산협에서 근신하며 풍광이 환상적인 곳에서는 쉬어가기로 했다. 험준한 지형을 정찰하고 될 수 있는 데로 쉽게 갈 수 있는 곳을 찾아서 장서깡르산맥 서북쪽으로 160킬로미터를 이동, 3캠프를 설치했다. 해발 고도는 5,000미터다.

12월 9일, 라싸를 출발 한지 벌써 9일째다. 위성 전화기가 고장 나서 라싸와 연락이 끊겼다. 좋은 컨디션을 유지하기 위해 나는 매사에 조심해야 했다. 식사도 아침은 죽,

무인구 북단에서의 캠프. 산소가 부족한 상태에서 온도계는 영하 30℃를 가리킨다

캠프4에 도착하여 장비를 점검하는 대원들. 혹한의 날씨에 감자, 무, 배추가 돌덩이가 되었다

잠시 휴식 중인 대원들

홍산을 배경으로 포즈를 취한 필자

저녁은 밥을 지어 먹었다. 고소의 영향으로 체중이 조금씩 빠지는 것 같았다.

다음날 아침 기온은 영하 33도. 무인구에 들어와서 제일 추운 날씨다. 천막 속의 감자, 무, 배추가 모두 돌덩어리처럼 얼어버려 세 포대나 버렸다. 우리는 한랭한 추위를 대비해서 군에서 사용하는 최고 품질의 기름인 차이뮤를 사용했는데도 불을 피우고 차에 시동을 거는데 매번 두 시간씩 소요되어 출발이 늦어졌다.

무인구고원은 깊이 들어갈수록 새로움의 연속이었다. 짐승들도 죽을 곳을 찾아 죽는 것인가? 호숫가의 아늑한 곳 또는 산비탈을 지나다 보면 이들의 시체가 널려 있다. 탐사대의 티베트인들은 라싸에 가지고 가면 돈이 된다며 황양의 뿔을 수거했다. 그들은 뿌리를 보고 15년생, 20년생 하며 나이를 가늠했는데 나이가 많을수록 가치가 높다고 한다. 야생 야크의 머리는 귀하기 때문에 보이는 대로 목을 잘랐는데 목덜미가 커서 한 마리를 자르는데 도끼와 톱을 이용해도 2~30분이 걸렸다. 무인구에서의 진풍경이었다.

이번 탐험에서 내가 휴대한 카메라는 니콘 F3, 라이카 R7, 캐논 디지털 카메라, 콘탁스 그리고 비디오카메라 등 5대였다. 그중 영하 30도에서 사용할 수 있는 것은 캐논 디지털 카메라 한 대뿐이었다.

그리고 이번 탐험대에서 사용한 장비는 노스페이스 제품으로 그중 방한복과 슬리핑 백, 텐트는 영하 30도에서도 추위를 느끼지 못할 정도로 손색이 없었다.

나는 운행 도중 북경 과학자들과 자주 무인구에 관한 이야기를 나누었다.

"자연 생태계가 점점 파괴되어 가고 있는데 무인구만이라도 지구의 마지막 생태계 보루로서 영원히 미지의 지역으로 남아야 한다"고 내가 말하자 그는 "아닙니다. 남극과 북극의 빙하가 퇴화하고 있지 않습니까! 이곳에도 기상 변화가 옵니다. 늘어나는 인구 문제는 어찌 하구요"라고 하였다.

츤(陳) 박사도 "이곳에는 철, 석유, 금, 마그네슘, 석탄 등 지하자원이 많이 매장되어 있습니다"라며 개발 가능성을 넌지시 비쳤다.

나는 이번 탐험에서 무인구 횡단을 마친 후 초니(錯尼)호로 가는 도중 호수 건너편

산 중턱에 검은 광맥(鑛脈)이 수 킬로미터 뻗어 있는 것을 목격했다. 니마츠렌(尼瑪次仁)에게, "저것이 무슨 광맥이냐"고 물었더니, 그의 대답은 "나는 모릅니다" 였다.

그는 티베트의 지리학자다. 모를 리 없었지만 그렇게 대답할 수밖에 없었을 것 같았다. 그리고 어느 건천에서는 보석인 마노석을 주웠다. 이와 같이 무인구는 거대한 신천지와 같은 곳이다.

다음날도 추운 날씨로 인해 차에 시동 거는 것이 늦어져 오전 11시에 출발하여 북부 고원으로 향했다. 무인구는 깊이 들어갈수록 사람을 현혹시키는 특별한 마력이 있다. 히말라야산맥처럼 날카로운 침봉은 없지만 오랜 세월 동안의 침식으로 무인구만의 특성이 두드러지게 나타났다. 그것은 산세가 구상형으로 둥글고 완만하다는 것.

어느 평원을 지나는데 구상형으로 생긴 봉우리 5개가 가지런히 자리를 잡고 있었다. 우리는 신기해서 형제봉이라 명명해 보았다. 또 어떤 산은 색깔이 검은색과 붉은색으로 충만했고 암석은 대체로 추척암(推積岩)층으로 화강암, 사암, 니토암(泥土岩), 청석, 홍석, 흑석으로 분류할 수 있었다.

우 박사에 의하면 장북고원이 상승한 때는 지금으로부터 300~400만년 전이라고 한다. 그 영겁의 대자연 앞에 한 범부가 첫발을 딛고 섰다고 생각하니 어쩐지 마음이 숙연해졌다. 조물주는 이 땅에 무인구를 만들어 놓으시고 왜 나를 이곳까지 불러온 것일까! 나는 깊은 상념에 잠겼다.

멀리 설산이 보이기 시작했다. 산지조종(山之祖宗) 이라고 불리는 거대한 산맥. 내가 그렇게도 갈구하던 쿤룬산맥이 나타난 것이다. 쿤룬산맥이 마치 나를 손짓 하며 부르고 있는 듯했다. "어서 오게나, 박 교수. 내 품에서 실컷 쉬었다 가게나!"하며 기쁨과 용기를 주었다. 어느 누가 말했던가! "쿤룬산 옥배에 술을 담아 마시고 타클라마칸 사막을 넘어 쿤룬산에 올라 포부를 펴라"는 구절이 저절로 떠오른다.

계절성 하천을 따라 오르자 토산(土山)이 나타났고 그 기슭에 4캠프를 설치했다.

무인구의 무명봉. 형제봉이라 명명해보았다

무인구 넘어 양후에 도착하다

12월 10일, 오늘은 이번 탐험의 중요한 지점인 양후로 가는 날이다. 날씨가 좋아서 계획대로 도착할 수 있을 것 같다.

어제는 통신원 상지(桑吉)의 부주의로 온도계를 잃어버렸다. 그래서 오늘부터는 기온을 측정할 수가 없다. 아침부터 설레는 마음으로 식사를 마친 후 트럭 2대를 캠프지에 남겨 놓고 지프차 두 대를 이용, 양후로 향했다. 호수까지의 거리는 140킬로미터다. 우 박사가 차창 넘어 펼쳐진 산맥 중 한 산을 가리키며 "저 설산이 쿤룬산맥 자락에 있는 지즈산(箕峙山)입니다"라고 하였다.

해발 고도가 6,371미터인 이 산은 전체가 눈으로 덮여 있어 수려한 모습이다. 그 능선을 휘감은 구름 속에서 아침 해가 붉게 솟아오르고 있었다. 꼭 한번 올라보고 싶은 생각이 용솟음친다. 그러나 중국 정부는 무인구에서의 등산은 일절 허락하지 않고 있기에 아쉬운 마음을 뒤로하고 다시 여정에 나섰다.

양후를 향해 광막한 고원을 달리던 중 점토 성분이 없는 적토(赤土) 대지에 접어들었다. 이곳에서 우리는 이집트의 피라미드처럼 생긴 홍산(紅山) 봉우리 셋을 보았다.

붉은색 대지에 우뚝 솟아 있는 홍산, 그곳에 아침 햇살이 광명(光明)하게 비추자 산은 신묘한 모습으로 변화했다. 장엄한 풍광이 펼쳐져 있는 저 홍산을 예찬하지 않을 이가 그 누구리요! 우리는 피라미드 형태의 세 봉우리를 지나며 화홍산(火紅山)이라고 명명했다.

오후 2시 16분, 우리는 드디어 무인구 최북단의 서북부에 있는 양후에 도착했다. 호수 면적이 약 80평방킬로미터인 이곳에서 신장성(新疆省) 경계까지는 겨우 15킬로미터 남짓이다. 우리는 더 나아갈 곳이 없었다. 나는 태극기를 들고 꽁꽁 얼어 있는 호수로 내려갔다. 그리고 피켈에 태극기와 내가 40년 동안 근무한 경희대학교 교기를 달아 높이 들었다. 중국 과학자들도 오성홍기를 들고 감격하고 있었다.

티베트 탐험을 한 지도 어언 18년, 그중 무인구에 도전한 지가 올해로 11년이 된다. 내 인생의 전부를 쏟아 부었던 무인구! 그 가혹한 자연 속에서 죽을 고비를 몇 번이나

얼어 붙은 양후의 모습. 얼음 두께가 38㎝에 달했다

무인구의 홍산
무인구 최북단에 이르자 적토고원에 피라미드처럼 생긴 붉은산이 나타났다

양후에 도착한 한·중 탐사대. 맨 좌측 태극기를 든 이가 박철암 대장이고 나머지 4명은 모두 중국 대원들이다

넘겼던가! 또 남모르는 고통과 싸우며 숱한 시련을 겪었던가!

참았던 눈물이 왈칵 쏟아졌고 나는 엉엉 울고 말았다. 자꾸만 울고 있는데 상지가 다가와서 위로하며 사진기를 건네준다. 나는 무인구 횡단 성공을 기념해 사진을 마구 찍었다. 그리고 하나님께 감사 기도를 드렸다. 이 순간이 있기까지 모든 사람을 통하여 흔들리는 순간마다 나를 붙잡아 주시고 인도해주신 하나님의 은총에 감사할 뿐이다. 만일 하나님이 함께해 주시지 않았다면 오늘의 성사는 이루어지지 못했으리라.

호수변에서 나는 이제 세상의 누구도 미워하지 않고 서로 사랑하고 감사하며 살겠다고 깊이 다짐했다. 그리고 내가 밟고선 무인구의 순결과 고고함을 닮겠다고 마음먹었다.

우리는 수질을 분석하기 위해 36센티미터 두께의 얼음을 깬 후 물을 퍼 올려 수통에 담았다.

오후 3시 10분, 캠프지로 돌아갈 시간이 되었다. 양후와의 작별의 시간이 된 것이

티베트 무인구 한·중 공동학술조사대가 세계 최초로 무인구 양후에 도착. 뒷줄 오른쪽에서 4번째가 박철암 대장

다. 내 나이 팔순을 넘긴 지 이미 오래, 이곳에 올 기회가 다시는 없을지도 모른다고 생각하니 발걸음이 무거웠다.

무인구는 숱한 세월 동안 나에게 의지와 용기를 주었다. 때로는 지치고 나약해질 때 마다 무인구 탐험이란 과제가 나를 지탱해준 원동력이 되었고, 꿈과 희망을 잃지 않게 하였다. 참으로 힘든 길이었으나 행복한 동행이었다.

아쉬움을 내려놓고 캠프지로 돌아오니 모두 축하 분위기 속에 밤이 깊어갔다. 대원 들은 술을 마셨고 나는 서울에서 가지고 온 쌀로 밥을 짓고 된장국을 끓여 고국에 대 한 향수를 달랬다. 식사 후 우 박사와 차를 마시면서 무인구에 대한 감상을 물었다. 그 는 "우리는 세계 최초로 무인구를 횡단한 탐험가입니다"라며 감격하고 있었다.

나는 어렵게 주어진 기회에 많은 곳을 탐험하고 싶었다. 그래서 대원들에게 원 계획 대로 내일 무인구를 완전히 횡단하여 융퍼초(涌波錯), 무쯔타거(木孜塔塔)봉 일대를 거처 '초니(錯尼)호수-파모줴중-줴단초(硴旦錯)-쌍후-라싸'로 이어지는 코스를 설명하였다.

내 인생의 꿈, 무인구 횡단 이루다
탐사대. 미지의 세계 융퍼초 돌파

　12월 11일, 우리는 행선지를 북동쪽으로 정하고 정처 없이 무인구 횡단길에 나섰다. 지구상에서 제일 높고 넓은 고원! 지도에서 선과 점으로 표기할 수 없는 티 없는 고원! 그곳을 한가로이 달리자니 정취가 짙어진다.

　아무것도 없어 보이는 적막한 곳이지만 자연에 의지하며 살아가는 동물들이 뛰어다닌 흔적들이 가끔 보인다. 소의 발자국같이 큰 것은 야생 야크이고, 쪽 발은 황양의 발자국이다. 이 발자국 주변에는 짐승들의 분비물(똥)이 떨어져 있다. 적막한 황무지 고원에 짐승들이 살고 있다는 것만 보더라도 이곳에 생명과 자연의 조화로움이 존재하고 있음을 깨우쳐준다.

　이곳의 지형과 구조 역시 구릉과 건천을 제외하고는 거의 습지대다. 하천은 여름에 물이 흐르지만 겨울에는 말라버려 건천이 된다. 마른 하천은 신작로와 같아서 차가 다니기에는 편안했다. 탐험대는 날이 저물어 어느 건천 주변에 야영지를 정하고 5캠프를 설치했다.

　그렇게 무인구의 밤이 깊어갔는데 누가 "샤쉐(下雪), 샤쉐"하고 외쳤다. 나는 눈이 내

융퍼초 호 청옥 같은 얼음이 단단하게 얼어 있었는데 창망한 모습이다

린다는 소리에 텐트 밖으로 뛰쳐나가보니 세계에서 제일 높은 고원에 내리는 제일 깨끗한 눈이 소복이 쌓이고 있었다.

12월 12일 오전 10시, 우리는 지프차 두 대로 두번째 목표인 융퍼초(涌波錯)로 향했다. 호수까지의 거리는 약 70킬로미터. 출발한지 얼마 되지 않아 내가 타고 가던 차가 고장이 나서 캠프지로 돌아왔다. 수리를 한 후 앞서간 차의 흔적을 따라 북상했다. 앞차에 한 시간 정도 뒤쳐졌다고 생각하고 따라붙었지만 앞 팀의 차는 어디에도 보이지 않았다.

융퍼초에 이르면 만나겠지라고 생각하며 커커시리(可可西里)산맥을 바라보며 달리고 있는데 막막한 고원 한가운데 기묘한 암산이 나타났다. 후에 알게 되었지만 이 산이 바로 유명한 '우죠타이(五角台)'산이었다. 산에 각진 면이 다섯 개가 있다고 해서 우죠타이로 부르는 것 같았다. 그리고 이 산의 또 다른 특징은 암석의 상면이 칼로 자른 듯 반듯하다는 것이다.

"어쩌면 바위산 상면의 선이 저렇게 가지런할까?" 바위의 색은 검은색과 오렌지색

우죠타이산
융퍼초 부근에서 만난 기묘한 암산
상단부가 칼로 자른듯하다

이 고르게 채색되어 있어 우아했다. 그리고 이 산 앞으로는 융퍼초 호수가 있으니 이 곳이야말로 자연적인 아름다움의 극치라고 할 수 있다. 하나님은 왜? 누구도 찾아올 수 없는 이곳에 이런 절경을 만들어 놓았을까?

나는 두루 사진을 찍고 앞에 있는 작은 호수로 내려갔다. 호반 모래사장에서 앞서간 차의 흔적을 발견하니 안심이 되었다. 나는 모래사장을 돌아 뒤에 있는 융퍼초로 갔다.

호수의 크기는 양후와 비슷했다. 청옥 같은 얼음이 단단하게 얼어 있는데 창망한 모습이다. 호수로 내려가면서 살펴보니 모래 사면에 물이 고였다가 줄어든 수층(水層) 흔적이 보였다. 이 호수도 양후와 같이 수위가 낮아지고 있는 것이 분명했다. '백 년 후 호수의 풍모는 어떠한 모습일까?'를 생각하니 무인구는 전 지역이 미래를 예측할 수 없는 미지의 세계라는 생각이 강하게 들었다.

두루 사진을 찍은 후 평소 산행하던 방식으로 귀로를 단축하기 위해 융퍼초 호수 뒷쪽의 지름길을 찾아갔다. 어느 고원의 작은 언덕에 올라서니 이미 캠프로 돌아간 줄로만 알았던 앞차가 서 있는 것이 아닌가! 반가워서 웬일이냐고 물었더니, 바퀴가 터져 움직일 수 없게 되자 우리가 쉽게 발견할 수 있도록 언덕에서 기다리고 있었다고 한다.

이 넓고 광막한 고원에서 우리를 어떻게 만날 줄 알고 무작정 기다리고 있었단 말인가! 그들은 만약 우리를 만나지 못했다면 언덕에서 밤새 불을 피우며 수색대를 기다렸을 것이라고 한다. 그러나 영하 30도의 겨울밤, 폭설이라도 내리면 상상도 못할 일이 발생할 것이다. 우리가 만난 것은 참으로 기적이 아닐 수 없었다.

나는 하나님께 감사 기도를 드렸다. 내가 유달리 찾아가고 싶던 융퍼초 호수 뒷면으로 나서지 않았던들…. 그리고 왔던 길로 되돌아갔다면… 아마도 이들을 만나지 못했을 것이다.

이곳에서도 누군가가 우리의 행로를 철저하게 인도하고 있음을 깨달았다. 날은 이미 저물었다. 급히 대책을 세웠다. 최선의 방법은 우리가 캠프지로 속히 돌아가서 타이어를 싣고 와 교체하는 것이었다.

창니차카로 가는길에 만난 분천지대. 물줄기가 60m 정도 허공으로 솟아 올랐다

무인구 고원의 비경

무인구 고원의 비경

나는 우 박사에게 세 시간 후면 돌아올 터이니 그때까지 헤드라이트를 켜 놓고 있으라고 했다. 그리고 약간의 먹을 것과 담요를 건네준 후 캠프지로 향할 준비를 했다. 출발하면서 다시 당부했다. 만약에 우리가 돌아오지 않으면 트럭이 올 것이니 어쨌든 기다리라고….

캠프지로 가는 어두운 길에서는 큰 불덩어리가 가끔씩 나타났다. 아마도 야생 야크가 야행하는 것 같다. 우리는 타이어를 싣고 밤새도록 일행을 찾아 헤매다가 결국 다시 만나 새벽 4시에 캠프지로 무사히 돌아왔다.

12월 13일, 다음 목적지인 초니(錯尼)호수로 출발했다. 호수에 도착하자 무인구에서만 볼 수 있는 비경이 펼쳐졌다. 5캠프에서 창니차카(江尼茶)로 가는 길에 어느 한 곳을 지나가고 있는데 분천지대가 나타났다. 멀리서 보아서는 분천지대가 얼마나 큰지 알 수 없으나 적어도 10여 개의 분공에서 뿜어 오르는 열분천이 60~70미터나 창공으로 치솟고 있는 것을 보니 작은 규모가 아니었다. 그 밑으로 작은 분천이 얼마나 있는지 안개가 서려 알 수 없으나 이 또한 무인구의 장관임에 틀림없었다.

파모췌중에서 초니호로 가는 길에 펼쳐진 무인구의 비경은 한마디로 도원경 같았다.

옛날 프랑스의 어느 탐험가는 다울라기리산맥 너머에 도원경이 있을 것 같다고 했다. 하지만 도원경은 없었다. 중국 진나라 때 무릉인이 배를 타고 물고기를 잡으러 가다가 길을 잃고 헤매다 무릉도원을 만났다고 한다. 라싸의 티베트인 자상라는 에베레스트산에서 동쪽으로 하루 길 되는 곳에 자연의 극치가 있다고 했다.

이들의 말대로 과연 도원경은 존재하는가! 샹그릴라는 1933년에 발표된 소설 <잃어버린 지평선>에 등장하는 전설적인 이상향이다. 히말라야의 깊은 계곡에 숨어 있는 신비한 성역인 이곳은 티베트 불교 전설에 바탕을 두고 있다. 그러나 미국의 탐험가는 신비한 계곡으로 들어갈 수가 없었다.

샹그릴라는 시간도 존재하지 않고 인간이 수백 년이나 장수할 수 있는 곳이라 한다.

과연 그러한 환상적인 곳이 지구에 존재했던가! 그것은 하나의 이상향이다. 그러나 나는 확실히 장엄한 무인구 비경을 직접 목도하였다. 그 아름다운 경계를, 그 수려한 풍광을 어찌 내 둔한 필설로 다 표현할 수 있겠는가!

내가 본 비경의 풍광을 그때 찍은 사진을 통해 소개한다. 무인구에 봄이 오면 꽃이 피고 나비와 새들이 날아올 것이다. 그러면 새로운 비경이 곧 이곳에 펼쳐지리라!

나는 세상 누구도 가보지 못하고 볼 수도 없는 곳에서 내 생애 귀중한 청복을 누렸음을 자부하고 싶다.

12월 15일, 지난했던 무인구 탐험이 거의 끝나가고 있었다. 남은 과제는 초니호에서 췌단초(硴旦錯)호수 탐사다. 우리는 남은 일정을 예정대로 마치고 12월 22일 라싸로 돌아왔다. 그리고 포탈라 궁전 앞에서 서장 장북고원 무인구 탐험위원회에서 수여하는 표창식에 참가했다. 옛날 헤딘 박사의 탐험기를 읽으면서 꿈을 키웠던 내가 60년이 지난 오늘 그 꿈을 이루어 표창을 받고 있다. 나에게 준 표창 내용과 명예증서 내용은 아래와 같다.

"박철암 교수는 첫번째로 지구의 제3극인 장북고원 무인구를 넘어 탐험에 성공한 과학탐험가임을 표창합니다."

참으로 미지를 향한 탐험의 길은 고독하고 험난한 길이다.

인류를 위해 공헌하는 길은 어떤 분야에서든 불굴의 의지로 대상에 집중하여 그 연구의 정점에 도달할 때일 것이다. 그동안 내가 걸어온 험난한 탐험의 발걸음이 조금이라도 이 길에 기여할 수 있기를 바랄 뿐이다.

라싸의 포탈라궁 앞에서 표창과 명예증서를 받는 필자

박철암 교수가 세계 최초로 무인구 탐험에 성공한 탐험가임을
증명하는 명예증서

융퍼초에서 필자가 태극기와 경희대학교 깃발을 들고 포즈를 취했다

『티베트 무인구 대탐험』외 저서

무인구 탐험 시 소지한 무인구 탐사도. 탐험 경로를 검은색 펜으로 표기했다 붉은색 빗금친 부분이 무인구이다

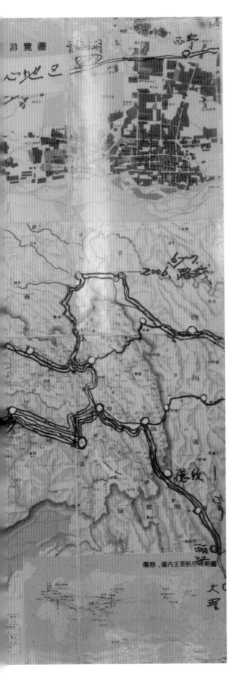

티베트 무인구 탐험 경로(1997-2007)
The Expedition course of Wurenqu Tibet

1차 1997년 6~7월
무인구 탐험대 대장-짱베이 고원 7,000km 탐사.

2차 2000년 8~9월
무인구 탐험, 국제 에너지 학술조사대 한국대장-한국, 일본,
중국, 인도, 네팔.

3·4차 2001년 6~7월
무인구 탐험 단독-티베트 창탕고원 차부상지역 8,000km
탐사.

5·6차 2002년 6~7월
무인구 탐험 단독-무인구 마얼쿼차카호.

7·8차 2003년 9~10월
무인구 탐험대 대장-무인구 쯔라툰고원.

9차 2005년 4~5월
무인구 탐험 단독-무인구 장서깡르산맥 텐수이허.

10차 2007년 5~6월
무인구 탐험 단독-무인구 마얼궈차카호에서 남부고원 횡단.

11차 2007년 11~12월
무인구 탐험, 한·중 국제 학술 조사대의 한국대표로 세계 최
초로 무인구를 횡단하여 무인구 최북단 쿤룬산맥에 위치한
양후호 4,778m에 12월 10일 도착.
12월 12일에 융보춰호에 도착.
「2007년 12월 10일 세계최초 무인구 횡단」.

2

독립운동이냐,
학업이냐!

독립운동이냐, 학업이냐!
산이 내 인생을 송두리째 흔들고 있었다
아! 나를 뒤흔들어 놓은 산

독립운동이냐, 학업이냐!
기로에 섰던 학창시절
동백산 줄바위 올라 등산 시작한 소년시절

나는 평안북도 희천군 장동면에서 태어나 선친을 따라 평안남도 영원군 소백면 경수리의 광산마을에서 소년 시절을 보냈다. 그때 나이 16세였다.

경수리 인근에는 동백산(東白山, 2,096m)이 있었다. 내가 살던 곳은 그 자락, 해발고도 700미터에 있는 가호 30호의 작은 산간마을, 아주 벽촌이었다. 이곳은 날씨가 너무 한랭하여 밀, 감자 이외의 농작물은 되지 않는 한지중의 한지였다.

당시는 일제 말기로 태평양전쟁이 한창이어서 마을 인근에서는 군수 물자로 사용할 중석(重石)을 대량으로 채굴하고 있었다. 월 생산량은 50~60톤에 이르렀고 광구는 경산덕, 달성덕, 경수덕, 고모덕 등 4개였다. 경수광산이 속해 있는 마대산(馬岱山, 1,300m) 중턱, 해발 1,200미터에는 소림(小林)광산도 있었는데 경수리와의 고도 차이는 약 500미터였다. 경수광산의 중석 광맥은 소림광산까지 뻗어 있다고 생각하면 그 매장량은 어마어마했다.

이러다 보니 일약 천금을 꿈꾸는 전국의 광산업자들이 몰려들어 벽촌 마을은 어느

1941년 봄. 동백산 등반에 나서 줄바위 부근에서 점심을 먹고 있다. 맨 좌측이 필자

덧 2,000여 명이 거주하는 큰 마을로 번성하게 되었다.

이 무렵 의사였던 선친은 광산 의무실의 책임자로 있었다. 나도 부친의 후광으로 17세의 어린 나이에 광산회사에 입사, 서무과에 근무하면서 자주 광구를 답사하였다.

18세가 되던 어느날 봄, 초등학교 교장 선생님은 광산 마을에 청년단이 필요하다며 나를 부추겨 마을 어른들과 협의해 청년단을 조직하게 되었다. 이후 30여 명의 단원이 모였고 나는 본의 아니게 단장으로 선출되었다.

청년단원들은 자금을 마련하기 위하여 광구 현장에서 잡석으로 나오는 버럭 더미에서 중석을 모아 회사에 납품, 자금을 마련하였다. 우리는 이 돈으로 서울의 악기점에서 필요한 악기를 구입하여 6인조 밴드부를 창설했는데, 학교에 수시로 모인 우리는 북을 치고 멋대로 나팔을 불며 조용하던 마을을 시끄럽게 했던 일이 아직도 기억이 새롭다.

마을에서 동쪽으로 약 26킬로미터 떨어진 곳에는 동백산이 있는데 일명 '줄바위'라고도 불렸다. 동백산은 낭림산의 기세가 뻗어내려 오다 맺힌 육산으로 산이 높고 장엄했다. 9월 초가 되면 단풍으로 아름답게 물들었고 눈이 내리면 우아한 모습으로 솟아있었다.

이 산에 관한 재미있는 전설이 전해 내려왔는데 그 이야기는 동백산 줄바위에 배 조각이 있다는 것이었다. 호기심이 많았던 나는 그 이야기를 듣고 신기하게 생각했다. 높은 산꼭대기에 어떻게 배 조각이 있을까?

유년시절 교회 장로님이 들려주시던 노아의 방주 이야기를 떠올리며 이 산을 오르기로 했다. 얼마 후 나는 친구 5명과 대를 지어 경수강 하천길을 따라 하갈리로 넘어가는 고개에서 동백산 산협으로 접어들었다. 잡목지대를 지나자 해발고도 1,100미터 지점에 이르렀다. 이곳에는 둘레가 6~7미터, 키 30~40미터 되는 수 백 년 수령의 가문비나무와 전나무가 우거져 있었다. 수림에서 풍기는 냄새가 너무나 그윽했다. 숲이 얼마나 울창한지 한낮인데도 어두침침했으며, 햇볕이 간신히 들어오는 바위 부근에는 앵초꽃과 개부랄꽃 등 고산 초화가 군락을 이루고 있었다.

우리는 수림지대를 올라 거제수나무 지대에 이르렀다. 수목지대를 벗어나니 암석더미 틈새에 드문드문 전나무와 거제수나무가 뿌리를 내리고 있었다. 그곳에서 얼마를 더 오르자 동백산 줄바위 정상이었다.

정상은 아주 먼 옛날 커다란 암석이 무너져 크고 작은 바윗돌이 깔린 너덜지대였다. 우리는 줄바위 근처에서 점심을 먹고 배 조각을 찾아 나섰다. 줄바위 주변의 너덜지대 면적은 대략 1,400평 정도였다. 우리는 이곳을 샅샅이 뒤져 배 조각을 찾아보았지만 어디에도 없었다.

하지만 정상부의 넓은 고원에는 앵초꽃이 가득했으며 동백산에서만 자생하는 쇠치네가 가득했다. 쇠치네라는 식물은 마을사람들이 가장 좋아하는 산채로 키는 30센티미터 정도며 대궁 밑은 홍색이고 잎은 두 개다. 맛은 마늘종 맛인데 뒷맛이 신선해 산채 중에서 으뜸으로 꼽히는 나물이었다. 우리는 배 조각을 찾지 못한 대신 산나물을 한 짐씩 뜯어서 하산했다. 이렇게 동백산을 오른 것이 나의 첫번째 등산이며, 배 조각을 찾아 탐사한 것이 오늘날 나의 탐험여정의 시초라고 할 수 있다.

동백산은 나의 인생에 커다란 영향을 주었다. 내가 아직까지 동백산을 잊지 못하는 이유는 그곳에 특별한 꽃이 많아서다. 야생 초화 중에서 내가 가장 좋아하는 꽃은 마타리꽃과 쉬땅나무꽃인데 마타리꽃이 가득히 피어 가을 하늘에 나부끼는 고원 언덕에서 뒹굴던 소년시절의 기억은 아직도 생생하다. 그리고 쉬땅나무꽃의 개화기인 6월, 향기가 짙어지고 밀원이 풍부하여 벌나비와 각종 곤충을 그 꽃에서 찾아보던 기억도 언제나 새롭다.

경수리마을 주변에는 마태산, 동백산, 소백산이 있었는데 동백산을 넘으면 동양에서는 제일 아름다운 부전고원이 있다. 부전고원에는 동(銅)이 생산되었다. 이렇듯 높은 산들이 마을을 감싸고 있었기에 마을에서 세상으로 나가는 신작로는 오래도록 길이 없었다. 그래서 광산에서 생산된 중석은 경편철도가 다니는 고토리(古土里)까지 말로 28킬로미터를 날라야 했다. 어디를 가더라도 걸어서 다녀야 하는 벽촌이라 나는 함흥에 친척이 살고 있어 매번 고토리까지 걸어 다녔다.

내가 경수광산에 있을 때 산골에 있는 나를 측은히 여겨 일깨워 준 사람이 두 분 있었다. 한 분은 서무과에 같이 근무하던 임(林) 선생(성함 불명)이라는 선배였고 또 한 분은 서울 소화 공과학교 광산과 출신인 우 선생이다.

임 선생은 어느날 사무실에서 나라를 걱정하고 있었다. 그는 우리나리가 일본의 지배하에 있으며 나라를 찾고 후대를 길러야 한다는 것을 강조했다. 우 선생은 서울에서 소화공과학교와 동양공과학교가 있으니 서울 가서 배워야 한다고 전학을 권유했다. 그러던 중 서울예과대학 출신이 서무과에 부임했는데 그분 역시 학업은 시기가 있으니 늦기 전에 공부하라고 강권하셨다.

나는 이분들의 충고로 학업의 중요성을 깨우쳐 회사를 그만두고 그동안 저축한 돈 얼마를 들고 서울로 상경, 1942년 봄 동양공과학교 광산과에 입학했다.

당시 나를 아끼고 사랑해 주신 조부모님이 계셨는데 내가 서울로 공부하러 간다고 하니 그 섭섭함을 참지 못하시고 내가 떠나던 날 어머니가 마대산 밑까지 배웅하시고

동양공과학교 재학시절의 필자

경수리 경수청년단원들과 함께한 기념사진. 앞줄 왼쪽에서 세 번째가 필자다

쓸쓸히 돌아서시던 뒷모습을 나는 아직도 잊지 못한다.

서울로 상경한 나는 입학 수속을 마치고 흑석동 보육 전문학교 근처에 하숙을 정했다. 그리고 새로운 포부와 희망을 품고 학교생활을 시작했다. 얼마 후 학년 급장으로 선출된 나는 나의 꿈을 실현할 자신감이 더욱 충만했다. 그러나 일 년이 지나면서 돈이 바닥나 학비를 보충하기 위하여 나는 측량 조수로 아르바이트하면서 학업을 이어갔다. 방학 때가 되면 할머니께서 좋아하시던 바나나와 문어를 사 가지고 고향으로 가곤 하였다.

이듬해 여름, 고향에 다녀온 지 얼마 되지 않아 나는 할머니가 위급하시다는 전보를 받았다. 급히 귀향해 할머니 옆에서 정성을 다해 병시중하였다. 매일 경수강에 나가 열목어를 잡아다 끓여 대접했다. 그러던 어느날 아침, 할머니는 내 이름을 부르며 일으켜 달라고 하시기에 할머니를 부축해 벽에 기대여 앉혔다. 할머니는 "철암아! 저 창문을 열어다오"라고 하셔서 나는 급히 동창 문을 열었다. 그때 할머니는 아침 햇살이 가득 비치는 창밖을 한참 동안 바라보고 계셨다. 그러던 얼마 후 할머니는 나의 품에 안겨 주무시는 듯 눈을 감으셨다. 괴테가 운명할 때 "창문을 열어다오" 하면서 하늘을 바라보고 운명했다고 하였던가!

할머니는 시인은 아니셨지만 감정이 풍부하시고 고상한 성품을 지니신 분으로 사랑하는 손자의 품에 안겨서 아침 해가 비치는 동창을 바라보면서 눈을 감으셨다. 나는 생전에 공동묘지로 가시기 싫다는 할머니의 유언대로 조용한 장소에 안장하고 서울로 돌아왔다. 학교에 다시 나갔지만 그동안 할머니 생시에 잘 보살펴 드리지 못한 송구함에 마음을 잡을 수가 없었다.

더욱이 당시는 일제 말기라 학업에 전념할 수가 없는 시대적 번민이 나를 괴롭혔다. 임 선생의 말대로 나라를 위해 독립단을 찾아갈 것인가! 아니면 공부를 계속할 것인가! 나는 양단의 결정 앞에 섰다.

늦가을 부전고원 산곡에서

1944년 독립단을 찾아 방랑하던 시절. 만주 따산링에서

산이 내 인생을 송두리째 흔들고 있었다

독립단 찾아 만주로… 귀국 후 경희대학교 산악부 창립

독립운동을 위해 만주로 갈 것인가! 아니면 학업을 계속할 것인가! 양단의 결단 앞에 선 나는 독립단을 찾아가기로 했다. 중국으로 출발하기 전 고향을 찾은 나는 부모님께 하직 인사를 드린 후, 노자로 쓰기 위해서 청년단 시절 불던 트럼펫을 배낭에 넣고 집을 나섰다.

돈이 없어 청년단의 악기를 가지고 떠나는 미안함을 어찌 모르겠는가! 언젠가는 돌아와서 꼭 트럼펫을 다시 장만해 놓으리라고 다짐한 1943년 11월 초, 나는 눈 덮인 마대산을 넘어 만주로 향했다.

만주 봉천(지금의 순양)에 도착한 후 조선족이 모여 사는 씨타(西塔)로 갔다. 처음 보는 순양의 불탑이 매우 이채로웠다. 나는 하숙집에 머물면서 현지 사정을 살폈다. 이곳에는 다양한 사람들이 모여 살고 있었으며 일본의 고등 형사들이 강도 높게 조선인들을 감시하고 있음을 알아냈다. 그러자 주위 사람들로부터 고발당하는 것이 두려워졌다.

그래서 하숙집 소개로 어느 기생집 주방에서 일하게 되었다. 내가 맡은 일은 주방에서 밥을 짓는 일이었다. 술집에는 기생 7~8명이 있었다. 일을 처음 시작했을 때는 별의

별 사람들이 출입하는 곳이라 숨어 있기 딱 좋다고 생각했지만 이도 잠시, 하루 이틀 지나다 보니 구역질이 나는 일이 한둘이 아니었다. 그러던 어느날 석탄을 피우고 밥을 짓다가 잘못하여 석탄가루가 솥에 들어갔다. 정신없이 석탄가루를 골라낸다고 골라 냈는데 밥이 된 후 뚜껑을 열어보니 밥은 콩밥처럼 온통 검어졌다. 주인아주머니는 밥을 보고 석탄가루로 밥을 짓는 사람이 어디 있느냐며 심하게 야단을 쳤다. 미안하기도 했지만 오랫동안 있을 곳이 못 된다는 생각에 기생집을 나왔다.

그 후 노동일을 하면서 전전하였으나 생활은 점점 어려워졌다. 하는 수 없이 고향을 떠날 때 가지고 온 나팔을 팔기 위해 악기점에 갔더니 뜻밖에 값을 많이 쳐주었다. 씨타에서 어렵게 생활을 이어가던 중 하이청(海城) 지역에 중석 광산이 있다는 말을 들었다. 돈벌이가 될 것이라는 이야기도 들었다. 하지만 중국에서는 말이 통하지 않으면 자기 앞가림을 할 수가 없었다. 그래서 일상용어만이라도 익힌 후에 일자리를 찾아보리라 마음먹은 나는 중국어 공부에 몰두했다.

독립단 찾아 만주로

이듬해 봄 남만주 철도를 타고 하이청으로 향했다. 차창 밖으로 보이는 만주의 광막한 벌판을 보고 있자니 나라 잃은 슬픔과 외로움이 엄습했다. 내 입에서는 '황성옛터'의 노랫말이 흘러나왔다.

"황성 옛터에 밤이 되니 월색만 고요해. 폐허에 서린 회포를 말하여 주노라. 아~ 가엾다 이 내 몸은 그 무엇 찾으려고 끝없는 꿈에 거리를 헤매어 있노라."

노래를 부르며 복받쳐 오르는 설움을 삼켰다. 나는 이때부터 '황성옛터' 가사가 가슴 아프게 좋아졌다. 고단한 등산길에서나 광야의 탐험길에서 고독하고 서글퍼질 때면 이 노래가 입가에서 절로 흘러나와 향수에 젖곤 했다.

정신을 가다듬고 보니 기차는 벌써 하이청역에 도착했다. 마침 광산으로 가는 트럭이 있어 얻어 타고 따산링에 도착했다. 따산링은 30여 호의 작은 마을이다. 마을 어귀에는 광업소가 있었는데 무작정 들어가 소장을 찾았다. 사무실에는 직원 7~8명이 있었는데 큰 테이블에는 소장 쭈루 나오미라는 이름표가 보였다. 나는 그분이 책임자인 줄 알아보고 내가 조선인임과 광산과를 다녔으며 중석광산에서도 근무한 경력이 있다고 말했다, 그러자 그는 현재 중석 광산을 개발 중이니 때마침 잘 왔다며 반가워하였다. 이리하여 나의 따산링 생활이 시작되었다.

다음날부터 나는 소장과 같이 쓰또꺼우 광주를 돌아다니며 경수 광산에서 일한 경험을 살려 광맥이 있을 만한 곳을 집중해서 파 보았다. 토심은 깊고 광맥은 있었지만 광석에는 유황이 많이 함유되어 있어 질이 좋지 않았다. 또 광맥의 단층면이 커서 경제성도 없었다. 큐슈대학 광산과 출신인 소장도 나의 견해에 동감하고 있었다.

따산링에서 일하며 겨우 노자를 마련한 나는 다시 독립단을 찾아가리라 결심했다.

당시 일제는 소·만 국경 '모몽항' 전투에서 패했으며 일본의 마지막 전함 '야마도'마저 일본 해역에서 격침되었다. 전운이 일본의 패전 쪽으로 짙어지고 있었다.

상황이 이렇다 보니 내가 갈 길을 찾아 떠나야만 했다. 어디로 갈 것인지 막막했다. 순양의 씨타에서 만난 중국인들에게 들은 이야기로는 독립단의 본거지가 빠이 토우산과 룽징이라고 했다. 어떤이는 만주리 통화 까이핑이라는 말도 했다. 나는 순양에

1944년 독립단을 찾아서. 가운데 앉은 이가 필자다

서 가까운 곳에 있는 까이펑으로 가서 양무린즈까지 170리를 걸어갔다. 하지만 독립단의 행방은 알 수 없었다. 하지만 한번 세운 뜻을 쉽게 포기할 수 없는 일. 조국을 떠날 때의 마음을 되새기며 만주리로 가기 위해 북행열차를 타고 테링을 지나 장춘에 도착했다.

장춘역에서 만주리로 가기위해 표를 끊으려 했지만 일본과 소련의 '노몽항' 사태로 여행증 없이는 차표를 살 수가 없었다. 하는 수 없이 1945년 봄, 나는 간도행 열차를 타고 룽링으로 가서 카이산툰으로 갔다.

카이산툰은 두만강을 사이에 두고 조선땅 산산봉과 마주하고 있는 국경마을이다. 이곳도 독립단이 투쟁하던 곳이어서인지 밀정에게 고발될 우려가 있어 매일 두만강 강가에 나가 낚시를 드리운 채 상념에 잠겼다.

그러는 동안 세월은 가고 해방을 맞았다. 나는 그해 10월, 뜻을 이루지 못한 부끄러움을 안고 고향으로 돌아왔다. 고향의 동백산은 중국생활에 지친 나를 여전히 반겨주었다.

경희대학교 산악부 창립

이듬해 봄, 조국은 해방의 기쁨에 들떠 있었으나 이도 잠시, 38선이 생기며 국토의 허리가 동강 나는 비운을 맞았다. 그런 와중에도 봄이 찾아왔고 장자인 나는 집안을 위해 농사를 짓기로 작정했다. 마대산 산골에 화전 밭을 천여 평 개간하고 감자를 심었더니 가을에 40여 가마를 수확했다.

토질이 비옥하고 기후가 좋아 경수리 감자는 크기가 아이들 머리통같이 굵고 맛도 특이했다. 고향 사람들은 겨울밤 화롯불에 둘러앉아 감자를 구워먹기도 했으며 농마가루를 만들어 팔기도 했고 특별한 날에는 국수도 해 먹었다.

나는 추수를 마치고 오랫동안 중단했던 학업을 계속하기 위해 농사지은 감자를 처분하고 1946년 11월, 마대산을 넘어 월남했다.

소년 시절 동백산을 오르던 시절이 그리워질 때면 서울 근교의 산을 찾곤 했다

　1947년, 서울은 그동안 일제 억압에 눌려 있었던 학구열이 고조되면서 많은 대학이 생겨났다. 그 무렵 생긴 대학은 배영대학, 동양 외국어대학, 신흥대학, 경희대학이다. 나는 중국과의 인연과 대륙에 진출할 것을 염두에 두어 경희대학교 중문과에 입학했다. 학교에 다니면서 소년 시절 동백산을 오르던 시절이 그리워질 때면 서울 근교의 산을 자주 찾았다.

　그 시절 내가 처음 오른 산은 경기도 양평에 있는 용문산(1,157m)이다. 이 산에는 천 년 묵은 은행나무가 있었는데 그 유연한 모습을 보며 감회가 깊었다. 용문사에서 한 능선을 넘어 가면 서기 270년 함협왕이 축조하였다는 길이 8.7킬로미터나 되는 성곽이 있었다. 내성에는 함왕능과 왕성, 궁궐터가 있는데 천 년 성상 비바람에 폐허가 되어 잡초가 무성했다. 그리고 사나사(舍那寺)라는 절도 있었다. 나는 성곽을 둘러보면서 이곳은 민족정기가 서려 있는 곳이라고 생각했다. 등산은 산만 오르는 것이 아니라 다면적인 문화를 접하는 것임을 다시 깨달았다.

　그해 봄 한국산악회가 주최하는 등산경기대회가 있었는데 참가 자격은 삼인 일조였다. 경기는 모래 15킬로그램을 지고 세검정 장의문 밖에서 백운대까지 16킬로미터를 달리는 경기였다. 대회 참가를 위해 나는 서둘러 경희대학교 산악부를 창립한 후 대학부 경기에 참가, 4위에 입상하였다. 당시 시상식에서는 홍종인 선생님의 축사가 있었는데 지금도 잊히지 않는다.

"오늘 여러분은 열심히 노력하여 백운대 정상에 올랐습니다. 그러나 이제 다시 내려가야 합니다. 인생도 이와 같습니다"라는 이야기였다.

산을 오를 때는 보이지 않던 꽃이 내려가는 길에는 보이더라는 어느 시인의 말처럼, 산을 오르고 내려가는 것이 우리들의 인생과 다르지 않다는 생각이 들었다.

산에서 얻는 것이 어찌 그뿐이랴! 산천의 돌 하나, 풀 한 포기에도 자연의 신비를 느끼고 감동하며 스치는 바람 한 점까지도 심금을 흔드는 신엄한 산. 외면할 수가 없었다.

그때 나는 알았다. 산은 그저 그곳에 말없이 서 있지만 그 산이 점점 내 삶을 뒤흔들고 있음을….

용문산 성곽
서기 270년 함협왕이 축조하였다

아! 나를 뒤흔들어 놓은 산
6 · 25전쟁 후 나선 설악산 스키산행

해방 후, 서울에 설립된 대학들은 만신창이가 된 조국의 현실을 반영하듯 남의 건물을 빌려서 수업을 했다. 경희대학교 역시 설립 초, 이태원에 있던 4동의 건물을 세내어 사용했는데 우리 과의 학생은 총 40명, 주임교수는 윤영춘 선생이셨다. 그는 일본 메이지대학교 영문과 출신으로 중국 문학도 강의했다. 나는 해방 전 만주를 방랑하던 시절 중국어를 익힌지라 수업에 큰 도움이 되었다.

윤 교수는 "중국 문학이 지금은 낙후된 학문으로 보이지만 장차 여러분의 활동 무대는 대륙이 될 것"이고 "그때가 되면 중국 문학을 선택한 선견지명에 기뻐할 것"이라며 밝은 미래를 이야기했다. 그의 말을 방증하듯 당시 학문에 전념했던 학우들은 현재 대학교수 또는 사업가로 대성했다. 어느 분야에서든지 열심히 노력한다면 길은 열리게 마련이라는 만고불변의 진리를 실감하는 바다.

졸업을 일 년 앞둔 1950년, 6·25전쟁이 발발했다. 전차를 앞세운 인민군은 전(全) 전선에서 일제히 침공, 부지불식간 서울을 접수하고 다부동까지 진격했다. 참으로 암담한 세월이었다.

부산으로 피난한 나는 서울 수복을 기다리며 전시 연합 대학에서 학업을 이어가

1959년 1월, 설악산 백담사를 찾은 경희대학교 교직원들의 기념사진. 우측 첫 번째가 필자고 세 번째가 고 김기환 씨, 여섯 번째가 당대 최고의 클라이머였던 고 김정섭 씨다

고 있었다. 그때 경희대학은 동대신동에 있는 초등학교를 빌려 수업을 하고 있었는데 1952년 12월 어느날, 그 교사마저 화재로 소실되었다.

이에 당시 학장이던 조영식 선생은 서대신동에 대학을 크게 신축해 1953년 43명의 졸업생을 배출했다.

이듬해 정부 환도 후, 서울 청량리 밖 회기동에 종합대학이 건립되었다. 나는 운이 좋게도 교수로 임명되어 중국 문학을 가르치게 되었고 전란으로 중단되었던 등산도 다시 시작할 수 있었다.

전란의 상처 가득한 설악산 산행

피비린내 나는 전쟁이 끝난 1958년 여름, 내가 처음으로 오른 산이 설악산이다. 일행은 8명으로 전부가 대학의 교직원들이었다. 말로만 듣던 우리나라의 명산을 찾은 설렘에 나는 흥분했다. 우리 주위에 산이 존재한다는 것은 얼마나 고마운 일인가! 설악산은 높을 뿐만 아니라 산세의 아름다움이 금강산 못지않게 수려하다. 내설악에는 유수한 사찰이 산재해 있고 길골과 너레비에는 화전민이 살고 있었기에 길이 아름아름 열려 있었다.

1959년 1월, 설악산 원명암의 모습

우리는 백담천 산길을 따라 백담사에 이르렀다. 백담사는 지난 세월 동안 여러 차례 중건을 거친 사찰로 1456년에 백담사라 명명되었다. 사찰 마당에 이르니 노승이 나와 반갑게 맞아주었다. 하루를 머물기로 하고 산사에서 영시암, 오세암, 축성암, 봉점암에 서린 옛이야기를 들으며 여름밤을 보냈다. 이때 만해 한용운 선생에 관한 이야기도 들을 수 있었는데, 만해 선생이 내설악에 처음 들어왔을 당시 오세암에 머물렀고 그가 입적한 것은 훗날 백담사로 내려간 다음이라고 한다.

이튿날, 백담천을 끼고 올라 전란으로 폐허가 된 영시암 절터에 이르니 텅 빈 사찰 구석에는 노목인 매화(梅花) 한 그루가 있었다. 전날 밤 노승이 들려준 영시암 사화가 떠오른 것은 바로 이때였다. 이야기는 이렇다.

이조 숙종 15년에 '기사사화'로 김수항(金壽恒)이 죽임을 당하자 그의 아들 김창흡(金昌翕)은 벼슬을 그만두고 산수를 찾아 명산을 떠돈다. 그러던 중, 이곳으로 들어와 번뇌를 씻으려고 정사(精舍)를 만들고, 세상과의 인연을 끊는다는 뜻으로 이름마저 '영시암(永矢菴)'이라고 하였다. 그 후 6년이 지난 어느날 뒷산 골짜기에서 호랑이가 내려와서 함께 기거하던 머슴을 물어가자, 김창흡은 이곳도 있을 곳이 못 된다 하여 수춘산(壽春山)으로 떠났다고 한다. 그 후 호랑이가 사람을 잡아먹은 계곡을 호식동이라고 부르게 되었다.

세월이 흘러 영시암을 쓸쓸히 지키던 매화나무는 간데없고 빈터에 잡초만 우거지게 되었다. 이후 김창흡의 11대손인 여초 김응현 선생의 뜻을 받들어 도윤 스님이 영시암을 재건했다.

영시암에서 왼쪽으로 약 2킬로미터쯤 올라가면 원명암(圓明菴)이 있다.

원명암! 중천에 둥근 달이 떠서 설악 계곡을 광명하게 비춘다고 했던가! 이곳 암자에서 눈으로 보이는 설악은 가야동 계곡, 소청봉, 멀리 귀때기청봉에 이르기 까지다. 암자 뒷산에는 전나무 숲이 우거져 운치를 더해준다. 원명암은 참으로 그윽한 정취가 가득한 곳이라고 하겠다. 그러나 이듬해 다시 이곳을 찾았을 때에는 암자를 돌보는 이가 없어 절은 황폐해질 대로 황폐해졌다. 벽은 무너지고 앙상한 기둥과 지붕만 볼썽사납게 남았다. 기억 속 앞뜰에는 노목인 사과나무 두 그루에 사과가 주렁주렁 달려있었으나 이것도 베어지고 절은 허물어졌으며 부서진 기왓장만 잡초 속에 뒹굴고 있었다.

우리는 오세암(五歲庵)에 이르렀다. 오세암은 6.25 동란 시 소실되어 절터에는 약재 캐러 다니는 사람들이 임시 기거하는 움막이 하나 있었다. 암자를 지나서 가야동 계곡에 이르니 군인들의 유

1959년 8월. 경희대 산악부원들이 설악산 등반 중 쌍폭을 배경으로 기념사진을 찍었다. 좌측에서 첫 번째가 필자

골이 흩어져 있었다. 전쟁의 비극을 생각하며 우리는 가야동 계곡에서 가파른 산길을 올라서 해질 무렵 봉정암에 도착했다.

봉정암은 산중에서 가장 오래된 암자다. 전설에 의하면 신라 선덕여왕 때 자장율사 (慈藏律師)가 당(唐)에서 세존 사리를 얻어와 이곳 석대에 7층 탑을 세워 사리를 봉안하고 암자를 지었다고 한다. 단아한 암자는 선실과 방, 부엌이 있는 51평방미터 정도의 작은 절이다.

불당 뒤편에는 설악의 힘찬 기운이 치솟은 듯 대암벽이 병풍처럼 둘러쳐졌고 전면으로는 봉정계곡과 청봉계곡의 아름다운 선이 쌍폭으로 이어져 있다.

조용한 산중에 갑자기 인기척이 들리자 암자의 스님이 나와 우리를 반갑게 맞아 주었다. 그도 그럴 것이 약초 캐러 다니는 사람 이외에는 인적이 드문 깊은 산중에 산악인들이 찾아왔으니 그 기쁨이 더 컸던 모양이다.

우리는 부엌에서 밥을 지어 스님에게 함께 식사를 권했다. 그러나 그는 생식을 한다며 물에 불린 생쌀 한 움큼과 김 몇 장을 씹을 뿐이었다. 그것이 식사의 전부였다. 나는 이 깊은 산중에서 외로워서 어떻게 지내느냐고 물었더니 스님은 오직 수도에만 전념, 마음을 닦으면 하산하겠다고 한다. 밤은 깊고 고요했으며 선실에서는 스님의 독경 소리만 구슬프게 들려왔다. 그때 큰 뜻을 품고 독실하게 수도하시던 스님은 지금 어디에 계시는지! 지조가 높은 분이었으니 큰 스님이 되었을 것으로 생각한다.

이튿날 아침, 암자 서쪽 석대에 있는 석탑을 돌아보고 산행에 다시 나섰다. 관목 지대를 벗어나니 황량하고 넓은 돌밭이 나타났는데, 그곳에는 죽은 사람들의 해골이 쌓여 있었다. 자세히 보니 병사들의 철모와 군화, 수통 등이 흩어져 있었는데 그 모습이 너무나 참혹했다. 아마도 6.25전쟁 당시 이곳에서 격전이 벌어졌던 것 같다. 전쟁의 참화로 죽어간 해골들이 하늘을 쳐다보고 있는 모습은 너무나 살벌했다.

전쟁의 비극을 생각하며 소청봉을 지나 대청봉으로 가는 길, 안부에 도착하니 거제수나무 지대가 나타났다. 소년 시절 동백산 생각이 나서 길을 멈추어 섰는데 그 거제수나무 숲에서 경기고등학교 학생들이 야영을 하고 있었다. 나는 수복 후 우리가 처음 설

악산을 오르고 있는 줄 알았
는데 먼저 온 팀이 있었던 것
이다. 잠시 후, 우리는 대청봉
에 올랐다. 그리고 외설악 천
불동 계곡의 기묘한 산세를
감상하며 비선대로 하산했
다.

1959년 1월, 설악산 적설기
등반을 시도했다. 참가 인원
은 김기환, 김정섭씨 등 10명
이다. 그해 겨울은 눈이 많이
내려 평균 적설량은 1미터,
계곡 쪽은 2미터에 이르렀

1959년 1월. 설악산 적설기 등반에 나선 경희대 산악부원들이 설사면을
오르고 있다

다. 백담사에서 영시동까지의 산행은 순조로웠다. 하지만 가야동 계곡의 잡목지대에
이르자 스키가 나무에 걸려 부담이 되었다. 겨우 계곡으로 내려섰다가 다시 올라 봉정
암으로 향하는 길목까지 진출했으나 눈이 깊어 더는 나아갈 수가 없었다.

오세암으로 돌아와 마등령을 넘으려고 했으나 이곳 역시 깊은 눈을 뚫고 나아갈 수
없었다. 숲이 있는 곳에서 스키등산은 적절치 않다고 생각했다.

이렇듯 설악산에서의 등반 활동으로 나는 산이 내 인생의 전부가 되어가고 있음을
직감했다. 아니 나를 뒤흔들어 놓고 있었다.

3

한국 히말라야 등반사의
첫 페이지를 열어젖히다

한국 히말라야 등반사의 첫 페이지를 열어젖히다

온갖 어려움 속에 1962년 이루어진
다울라기리 2봉 정찰등반

등산이란 글자 그대로 산을 오르는 행위이지만 그 외적인 측면도 있다. 등산은 개인의 정신적 육체적 건강을 도모하기도 하지만 극한의 도전을 통해 국가와 민족의 기상을 떨칠 수도 있기 때문이다. 그리고 산은 만고로부터 엄존하면서 사람을 속이거나 반목하지 않고 인간들이 본연의 모습을 잃었을 때 성찰과 의지를 주고 힘을 잃어가는 삶에 생기를 부여하기도 한다. 그러기에 산을 찾는 사람 치고 악하거나 게으른 사람은 드물다.

옛 고사에 '수고천장 기엽귀근(樹高天仗 基葉歸權)'이라는 구절이 있다. 나무가 천장같이 높아도 그 잎은 뿌리로 돌아간다는 자연의 이치를 설명한 말이다. 가을날 산중에서 나뭇잎이 조용히 떨어지는 것을 보고 있노라

경희대학교에 재직 중이던 박철암 교수는 우리나라 최초로 1962년 히말라야 원정을 계획하였다

면 생명의 귀의 본능을 느낀다.

1960년대는 세계적으로 히말라야 등반의 황금시대였다. 영국은 에베레스트를 올랐고 프랑스는 '안나푸르나'를, 그리고 일본은 '마나슬루'를 초등했다. 히말라야 8,000미터급 미답봉 등정 시대가 열린 것이다.

당시 이런 초등 소식을 들은 산악인들은 멀리 중앙아시아에 우뚝 솟은 히말라야를 동경하게 되었다. 필자도 히말라야는 산악인들을 손짓하는 꿈의 대상이라는 생각과 함께 그 매력에 이끌려 미지의 영역에 눈을 뜨게 되었다. 우리도 한 번'세계의 지붕'에 도전해 보자는 마음이 용솟음쳤다.

당시 다울라기리산맥을 원정한 팀은 1905년 '롱스탑' 박사를 시초로 6개 팀이다. 하지만 이들은 2봉(7,751m)을 등정하는 데는 실패했다. 그곳을 등반해보기 위해 나는 원정 계획을 구체적으로 수립한 후 대원 구성에 나섰다. 심사를 거쳐 주정극, 송윤일, 김정섭씨가 멤버로 결정되었다. 히말라야 원정을 위해서는 고지등반 훈련이 필요했으나 우리나라에서는 마땅한 산이 없었다. 그래서 차선으로 선택한 훈련지는 설벽등반과 등반 시스템 훈련을 할 수 있는 설악산 백담 계곡과 천불동 계곡이었고 우리는 그곳에서 아이젠을 신고 실전같은 훈련을 했다.

카라반 도중 잠시 휴식을 취한 박철암 대장. 뒤로 히말라야산맥이 장대한 모습을 드러냈다

코라에서 본 다울라기리 전경

지난했던 한국 히말라야 첫 원정

이 무렵 네팔 정부는 히말라야 입산규정을 새로 정하고 공표했다. 규정 14조에 의하면 네팔 히말라야 원정 신청 수속은 자국 정부의 승인을 규정하고 있었다. 우리는 문교부에 원정 계획서를 바로 제출했다.

그러나 당국은 한국 최초 히말라야 원정을 허가할지에 대해서 신중을 기하고 있었다. 히말라야 등반 경험이 없는 대원들이 사고를 당하지 않을까 하는 부담 때문이었다. 산악인들의 시선도 부정적인 것은 정부와 다르지 않았다. 하지만 나는 이런 비관적인 상황을 바꾸기 위해 끊임없이 노력했다. 그 결과 산악회와 각계 인사들이 모여 등반 허가 문제에 대한 심의회를 개최할 수 있었다. 하지만 당시 심의에 참가한 사람들의 반응은 얼음처럼 차가웠다.

그러나 김찬삼 교수는 "등산의 성패를 여기에서 어떻게 논의할 수 있느냐?"며 "설혹 목적을 달성 못 한다 하더라도 그 도전 정신과 기상은 가상하다"며 찬성해 주었다. 그리고 며칠 후 나는 정부로부터 연락을 받았는데 등반의 위험성 때문에 정찰대로만 허가를 해준다는 내용이었다. 이렇듯 지난한 과정을 거쳐 등반 허가를 받았지만 더 큰 문제는 경비 조달이었다. 총 경비 100만원을 마련하기란 쉽지가 않았기 때문이다.

히말라야로 가면 뼈도 찾아오지 못한다며 단돈 한 푼 후원해줄 사람이 없었다. 출발 날짜는 다가오는데 막다른 골목에 다다른 것처럼 막막했다. 할 수 없이 집사람과 의논하여 경희대학교 앞 회기동 집을 처분하기로 했다. 어린 세 자매와 아내가 길가에 나앉는 상황에서도 원정을 가야 하는 다급한 형편! 그것도 모자라 빚까지 20만원 지고 떠나야 하는 나의 심정인들 어찌했으랴! 그러나 이때 형편으로는 다른 방법이 없었다.

이리하여 원정비를 겨우 준비하고 출발 날짜를 잡았다. 하지만 산 넘어 산이라고 병중에 계시던 아버님께서 내가 출발하기 며칠 전에 갑자기 돌아가셨다. 임종을 앞둔 아버님은 돌아가시기 전 큰일을 앞둔 나에게 알리지 말라고 극구 만류하셔서 나는 아버

KATHMANDU AIRPORT
HT. ABOVE M.S.L. 4423 FT

카트만두 공항에 도착한 원정대. 왼쪽부터 정부연락관, 셀파, 주정극 대원, 셀파, 김정섭 대원, 송윤일 대원, 쿡, 셀파, 사다, 박철암 대장

다울라기리산군의 무명봉 등반에 나선 원정대. 위쪽 중앙에 보이는 돔같이 생긴 봉우리가 6,770m의 주봉이다

마안디빙하에서 하산 중인 대원들 뒤로 다울라기리 2봉이 모습을 드러냈다. 맨 왼쪽에 있는 봉우리가 2봉이고 그 옆이 3, 4봉이다

지의 임종을 지켜보지 못한 불효자가 되었다.

그렇게 나는 산에 미친 사람이 되어갔다. 부친의 임종도 지키지 못하고, 더군다나 빚더미 속에 식구들을 놓아둔 채 떠나야 하는 처지가 한없이 안타까웠다. 그러나 나는 떠날 수밖에 없었다.

원정대는 장비와 식량을 인천에서 인도의 캘커타로 선편으로 부친 후 출발을 서둘렀다. 내가 떠나던 날 아내는 말없이 배낭 속에 찬송가를 넣어 주면서 아이들과 함께 기도원으로 갈 터이니 걱정하지 말라고 했다. 가슴이 미어질 것만 같았다.

내가 오늘날까지 평생 미지의 산을 탐험하게 된 것은 집사람의 내조 덕분이다. 아내는 그동안 나의 원정경비 마련을 위해 월부로 산 피아노로 교습도 하고, 편물기를 사서 삯 뜨개질을 하기도 했다. 그녀는 또 외롭고 지칠 때 복잡한 심경을 글로 표현해 문단에 등단하여 몇 권의 책을 출판하기도 했으며 동시에 독실한 기독교 신자로서의 삶을 살아왔다.

아내는 어느날 나에게 웃으며 "내가 죽으면 묘비에 '바보 같이 살다간 여인 여기 묻히다'라고 새겨 달라"고 했다. 그리고 "당신이 먼저 가면 그 묘비에 '자기 마음대로 살다간 행복한 남정네 여기에 묻히다'라고 새기겠단다.

1962년 나는 우리나라가 일제의 압박에서 해방된 뜻 깊은 광복절, 8월 15일을 한국 최초로 히말라야에 도전하는 원정대의 출발 날짜로 잡았다. 우리는 다울라기리산맥의 지도와 부족한 장비를 보충하기 위해서 일본 동경에 먼저 들렀다. 그리고 전부터 알고 지내던 일본산악회 다케다씨를 만나서 다울라기리산맥에 대한 지도를 구해 보았으나 우리가 만족할 만한 세부지도는 없었다.

백지에 검은 선과 봉우리만 표시된 약도와 같은 지도를 어렵게 구한 후, 하쿠바 장비점에서 배낭, 피켈, 아이젠, 알파미 등을 구입한 원정대는 방콕으로 향했다.

태국에는 예비역 장군인 유재흥씨가 대사로 있었는데 그는 네팔 대사 업무도 겸하고 있었다. 대사님 댁을 찾아 갔더니 사모님이 어려운 일을 한다며 통조림과 고추장 등 부식을 친절하게 마련해 주었다.

이튿날 원정대는 인도의 캘커타에 도착했다. 우리는 인천에서 선편으로 보낸 장비를 찾아서 기차를 타고 인도 북부, 파트나로 향했다. 파트나에 도착한 원정대는 다시 네팔행 비행기로 갈아타고 카트만두에 도착했다. 그러자 멀리 히말라야산맥이 보이기 시작했다. 꿈에 그리던 '눈의 거처'를 보니 가슴이 벅차올랐다. 그런데 어떻게 알았는지 <UPI> 기자 굽타씨가 공항에서 우리를 기다리고 있었다.

8월 25일, 네팔 외무성을 방문한 원정대는 입산료를 지불하고 입산허가증을 받았다. 허가증 내용은 '대한민국 경희대학교 다울라기리2봉 원정대'가 거쳐 가는 부락에서는 최대한 편의를 제공하라는게 요지였다.

그리고 히말라야 소사이어티로 가서 일라남켈, 셀파 텐징, 락파, 앙바상, 구로바 등 셀파 5명, 그리고 사다를 고용했다. 네팔 방송에서는 한국 원정대의 카트만두 입성을

다울라기 등반 중 거대한 눈사태가 빙하를 향해 쏟아지고 있다

연일 보도하고 있었다.

이튿날 원정대는 시내 구경에 나섰다. 거리는 축제 행렬로 붐볐다. 도로 위에는 점치는 사람, 과일 장사 등이 있었고 사람보다 더 대접받는 소들이 거리를 활보하고 있었다. 그 모습에서 무엇에 얽매이지 않은 그들의 자유로움이 배어나왔다.

인도의 옛 도읍지 파탓시로 갔더니 외국인 관광객이 많아 마치 동서양이 만나는 곳이 이곳 같았다. 그런데 특이한 것은 사원 건물의 석가래 조각이 많이 있었는데, 그중에는 남녀가 엉킨 볼썽사나운 조각상도 있었다. 어느 사원에는 목각으로 만든 남자의 심벌도 있었는데 얼마나 많은 사람들이 만졌는지 반들반들했다.

네팔 사람들은 신에 대한 믿음이 강했으며 그 방증이 하루의 반을 절에서 기도하며 보내고 있다는 것이었다. 나는 굽타씨에게 카트만두의 인구와 자동차 수가 얼마나 되느냐고 물었더니 인구는 50만 명, 차는 300대 정도라고 했다. 네팔은 말 그대로 복지 시설은 물론 산업도 발달하지 않은 농경사회였다. 시내를 오가는 버스는 일본에서 지원해준 차량이라고 했다.

나는 이 나라에는 만고의 자원인 히말라야가 있으니 지금은 가난해도 언젠가는 에베레스트와 안나푸르나산군을 개발한다면, 히말라야산맥과 함께 천년만년 평화를 누릴 것이라고 굽타에게 말했다. 그러자 그도 그렇게 되기를 바란다고 했다.

8월 31일, 원정대는 비행기로 포카라에 도착했다. 포카라는 네팔 제2의 도시로 멀리 안나푸르나 연봉과 마차푸차레가 솟아 있었다. 히말라야가 원정대의 눈앞에 펼쳐진 것이었다. 그러자 한국 최초 히말라야 등반의 서막을 연 신호탄을 우리가 쏴 올렸다는 전율이 온몸을 감쌌다.

그때 우리는 빙벽을 돌파했어야 했다!

한국 최초 다울라기리산군 정찰과 등반

1962년 9월 22일, 원정대가 포카라를 출발한 지 19일 만에 다울라기리(8,167m) 1봉 베이스캠프에 도착했다. 우리는 텐트를 설치한 후 그 옆에 태극기를 세웠다. 그리고 전 대원이 하나님께 기도를 드리기 위하여 경건한 마음으로 단을 만들고 양을 잡아 제단에 올렸다.

"날 구원하신 예수님을 영원히 찬송하겠네~" 서울에서 출발할 때 아내가 배낭에 넣어준 찬송가를 펼쳐 196장을 불렀다. 찬송가는 베이스캠프에 잔잔히 울려 퍼졌고 우리는 머리를 숙여 기도했다.

"믿음도 없는 저희가 하나님께 기도를 드립니다. 한국 최초로 히말라야에 와서 베이스캠프를 설치하고 태극기를 세웠습니다. 저희들은 힘이 없습니다. 조국을 위하여 일할 수 있도록 힘을 주시옵소서." 기도를 드리고 나니 마음이 평온해지는 것 같았다.

오후에 짐꾼들에게 노임을 주어 돌려보낸 후, 장비를 점검하니 고도계는 고장 나 있었고 성냥은 비에 젖어 사용할 수 있는 것이 11개 뿐이었다. 불안해졌다. 나는 셀파들에게 사정을 알리고 나무를 모아 불을 피우게 한 후 원정이 끝날 때까지 불씨를 꺼뜨리지 않도록 당부했다.

대원들이 빙벽을 오르고 있다. 앞에 선 이가 송윤일 대원이다

9월 26일, 정찰에 나섰다. 마얀디빙하 위쪽을 바라보니 2, 3, 4봉이 어깨를 나란히 하며 솟아 있었다. 나는 송대원과 함께 다울라기리 1봉과 2, 3, 4봉을 가르는 대협곡으로 들어섰다. 그러자 눈앞으로 넓이 300~400미터, 길이 18킬로미터인 빙하가 펼쳐졌으며, 내원으로 이르는 중간에는 눈도 붙어 있을 수 없는 1,000미터의 수직벽이 거인처럼 서있었다. 참으로 장대한 빙하였으며 험악한 산이었다.

우리는 빙하 상부로 오르면서 2, 3봉으로 접근할 수 있는 루트를 찾아보았다. 하지만 빙하에서 2, 3봉 정면으로 바로 오르는 길은 없었다. 소득 없이 1차 탐사를 마친 우리는 베이스캠프로 돌아왔다.

다음날, 동아일보사에 보낼 원고를 셀파편으로 투구체로 보내면서 돌아올 때 부족한 성냥을 구해서 오라고 당부했다. 이날 송대원과 나는 베이스캠프 뒷산, 5,600미터 지점까지 올라 루트를 정찰을 했지만 흐린 날씨 때문에 소득 없이 내려왔다. 이후 연일 정찰에 나선 나는 마얀디빙하 상부 좌측지점에서 능선을 가로질러 2봉으로 접근할 수 있는 루트를 발견했다. 하지만 그 길은 험난하고 너무나 멀어 보였다.

접근로를 찾아라

10월 6일, 송대원과 김대원, 사다가 빙하를 8킬로미터 올라 1캠프를 설치했다. 이후 대원들은 장비와 식량 수송에 전념했다. 하지만 1캠프 이상 전진하는 것은 무리였다. 등반에 진척이 없는 것도 문제였지만, 10일이 지나도록 투구체로 내려간 셀파들로부터 아무런 소식이 없다는 것이 더욱 큰 문제였다.

송대원이 이들을 찾아 나서보았지만 눈이 깊어 고생만 하다가 돌아왔다. 우리는 협의 끝에 김대원과 베이스캠프에 남아 있던 셀파 바상을 투쿠체로 내려보내기로 했다. 나는 김대원에게 500루피를 주면서, 만일 셀파들이 동상에 걸렸거나 위급한 상태면 카트만두 병원으로 즉시 이송하라고 당부했다.

하지만 김대원이 가야할 길 역시 마얀디 콜(5,200m)을 넘어서 가야하는 미지의 영

전장 18㎞인 마얀디빙하 상부로 오르는 원정대원들. 등반 루트를 찾기 위한 우리의 노력은 눈물겨울 정도였다

마얀디빙하 정찰에 나선 원정대원들. 이 빙하에서 다울라기리 2봉 정면으로 바로 접근할 수 있는 루트는 없었다

눈사태가 일어난 후 놀란 가슴을 쓸어내린 대원들이 설사면을 횡단하고 있다

역이었다. 참으로 '거일난, 봉일난(去一難, 逢一難)'이었다.

10월 7일 아침, 나는 송대원 일행을 배웅하기 위해 마얀디 고개 밑까지 같다. 그때가 오후 1시였는데 우리는 점심을 나누어 먹었다. 이후 김대원이 콜을 넘어가는 것을 하염없이 바라본 후 돌아서려니 왠지 모르게 눈물이 자꾸만 흘렀다.

1캠프로 돌아오는 길, 나는 2봉으로 가는 길을 다시 정찰했지만 능선을 가로지르는 길 이외에는 접근로가 없었다. 접근루트를 발견한 것만으로도 '다울라기리산군 정찰'이라는 우리의 목적을 달성한 것이었다. 하지만 나는 한국 최초로 히말라야에 와서 백설의 산을 두고 이대로 돌아설 수가 없었다.

베이스캠프로 돌아오니 구로바가 올라와 있었다. 즉시 송대원과 의논하여 전날 김대원을 배웅할 때 눈여겨보았던 마얀디콜 우측에 있는 10여 개의 봉우리 중 6,770미터의 무명봉을 오르기로 했다.

10월 10일, 등반에 나선 나와 송대원은 위험한 곳에 표식기를 설치하면서 올라 2캠프를 구축했다. 11일 새벽, 우리는 2일 치의 식량을 챙겨 등정에 나섰다. 만일의 경우를 대비해 텐트를 가지고 가기로 했다. 간밤에 몰아치던 바람 때문에 거의 사라진 발자국들을 어렵게 찾아가며 오른 우리는 눈사태가 흘러내린 지점을 빠르게 돌파, 6,200미터 지점에 도착했다. 밑에서는 보이지 않던 빙탑들이 즐비하게 서 있었다.

이를 잠시 감상하던 바로 그 순간 빙탑 후면 암벽에 걸려 있던 빙벽이 "쿵!"하는 소리와 함께 무너졌고, 그 여파로 인해 눈사태가 순식간에 일어났다.

우리는 바로 옆에 있던 빙탑 뒤로 황급히 몸을 숨겼다. 잠시 후 어마어마한 빙설 덩어리가 우리를 향해 쏟아져 내렸다. 이어지는 강한 진동과 사방에서 쏟아지는 눈, 그리고 거센 풍압으로 날리는 얼음덩어리에 우리는 정신을 차리지 못할 지경이었다. 하지만 이것이 끝이 아니었다. "쿵~!"하는 우뢰소리와 함께 다시 한 번 눈사태가 쏟아졌다. 날리는 눈보라 속에서 송대원은 "형님! 우리는 사경에 있습니다"라고 외쳤다. 셀파들도 넋을 잃은 모습으로 나의 얼굴만 쳐다보고 있었다. 눈사태! 그것은 히말라야 등반에서 인간이 감당할 수 없는 위험요소다. 우리가 단 1분만 늦었더라면 모두 눈사태에 휩쓸려 하직했을 것이다.

빙벽이 우리를 막아섰다

상황은 급박해졌다. 오를 것인지 아니면 하산할 것인지에 대한 선택만이 우리 앞에 주어졌다. 나는 전진하기로 마음먹었다. 눈사태가 쓸고 지나가서인지 반들반들해진 빙 탑지대의 설사면을 돌파하자 크레바스가 나타났다. 우리는 언제 눈사태가 다시 떨어 질지 모르다는 것을 알면서도 미로와 같은 빙하 틈을 건너기 시작했다.

안자일렌을 하고 얼마를 운행하는데 구로다 셀파가 그만 고글을 4~5미터 깊이의 크 레바스에 떨어뜨렸다. 히말라야에서 고글이 없으면 단 몇 분 만에 설맹에 걸릴 수 있 다. 송대원이 급히 하강해 고글을 주어왔다. 이런 우여곡절을 겪으며 설사면을 가로지 른 우리는 마침내 건너편 산비탈에 도착했다. 다행히 이곳은 남향이어선지 눈의 상태 가 안정적이었다. 우리는 정상을 향한 일념으로 오르고 또 올라 텐트를 설치할 수 있 는 6,300미터 지점에 도착했다. 간식을 먹으며 잠시 휴식을 취한 우리는 만약 등정 후 2캠프로 돌아갈 시간이 부족하면 이곳에서 막영하기로 하고 등반을 다시 속개 했다. 한번에 20걸음을 오르지 못하고 설면에 주저앉아 숨을 헐떡거리기를 반복하는 악전 고투의 연속이었다.

끝날 것 같지 않던 설벽은 주봉과 이어지는 능선에서야 마침표를 찍었다. 하지만 나 는 정상 쪽을 바라본 후 경악했다. 그곳에는 무너질 것 같은 청빙의 20미터 오버행 빙 벽이 우리 앞을 막아선 것이었다. 상황을 파악한 사다와 셀파도 위협적인 빙벽을 넋 놓고 바라만 보고 있었다. "으악! 흑! 흑~!"빙벽을 바라보던 송대원이 갑자기 통곡하기 시작했다. 나는 지금까지 세상이 무너질 것 같은 그렇게 큰 소리의 울부짖음은 들어 본 적이 없다. 그의 마음을 정확하게 알지는 못했지만, 미루어 짐작건대 그동안 온갖 고 난을 겪으며 이곳까지 올랐건만 정상을 목전에 두고 빙벽 때문에 등정을 포기해야 한 다는 원통함에 터진 절규였으리라. 나도 사활을 걸고 준비한 지난한 과정이 오버랩 되

해발 6,300m 지점의 캠프지. 멀리 다울라기리 2봉과 4봉이 보인다

다울라기리산군의 한 무명봉을 오르고 있는 대원들 뒤로 2봉의 전휘봉(6,500m)이 구름 사이로 보인다. 중간에 있는 대원이 송윤일 대원이다

면서 송대원과 함께 "엉엉!" 울고 말았다. 울음을 그치고 정신을 차린 우리는 빙벽을 다시 보았지만 힘이 빠져서 도저히 붙을 용기가 없었다.

태극기를 들어야 했는데 능선에서는 태극기를 들 수가 없었다. 그래서 능선상에 있던 한 구릉에 올라가서 태극기를 들고 사진을 찍었다. 사다에게 고도가 얼마냐고 물으니 6,700미터라고 하였다.

세월이 지난 후 든 생각이지만 그때 우리는 빙벽을 올랐어야 했다. 그러지 못한 것이 너무나 후회스럽다.

하산을 시작한 우리는 오후 늦게 3캠프로 하산, 다울라기리 2봉을 배경으로 사진을 찍었다. 다음날 베이스캠프에 도착한 우리는 주대원과 만났다. 그는 등반대의 안전을 위해 매일 기도를 드렸다고 한다.

포카라에 도착하니 김대원과 셸파가 우리를 반갑게 맞아 주었다. 카트만두 일간지는 '한국 등반대 다울라기리산군 도전'이라는 제목으로 우리의 등반 스토리를 비중있게 보도했다. 방콕에 도착하니 원정 경비가 바닥났다. 서울에 가서 운임을 지급하기로 하고 부산 가는 화물선에 어렵게 몸을 실은 우리는 12월 8일, 서울을 떠난 지 5개월 만에 부산항에 도착했다.

원정을 위해 집을 처분하고 떠난 터라 여주 기도원에서 기거하고 있던 가족들은 지친 모습으로 돌아온 나를 따뜻하게 맞아주었다.

우리는 비록 정상에는 오르지 못했지만 한국 히말라야 도전사의 선구자적 디딤돌이 된 것에 자부심을 가진다. 인류 역사는 민족의 생존을 위하여 진취적인 기상을 가진 자들의 도전정신을 통해서 이룩되는 것이며, 미지에 대한 도전은 인류 발전에 이바지하는 행위이기 때문이다.

히말라야에는 8,000미터급 고봉이 위성봉을 포함해 23개가 있으며, 7,000미터급 산은 350개가 있다. 그리고 6,000미터급 산은 통계도 없다. 이 많은 산을 다 오르려면 앞으로 수 백년이 더 걸릴 것이다. 그리고 지구는 넓고 넓다. 아직 남아 있는 미개척지는 이제 우리 젊은이들의 몫이다.

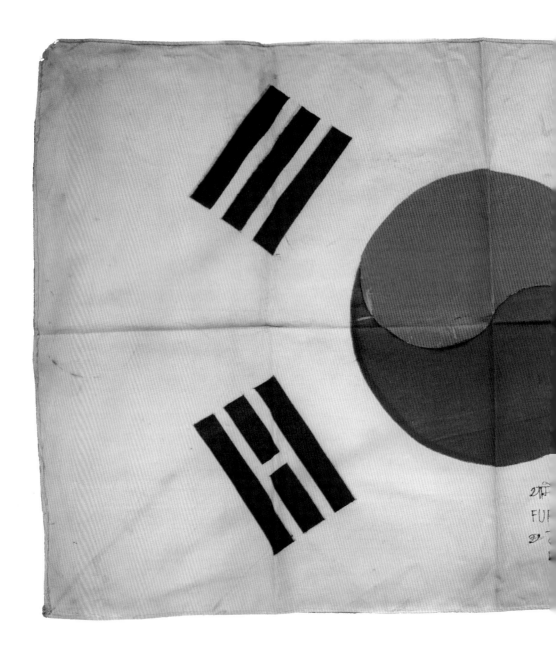

西紀 一九六二의 九月二七日

히말라야. 다울라기리 第二峰 踏査隊!

이 太極旗에 盟誓하고 저 峰을 오르리.

베이스 캠프에서 四次○束

NIG
제2개베르
2.2 b.

히말라야 다울라기리
제2봉 원정 태극기 1962년

히말라야 다울라기리 산군의 탐사기
히말라야 첫 원정보고서 1963년 12월

다울라기리 등반시 착용했던 등산화

1962년 다울라기리 산군 탐사 당시 박철암
대장이 착용한 고글

빙벽 등반용 아이젠

다울라기리 등반 시 사용한 피켈

다울라기리 히말 Mayangdi 빙하
5,100m지점에서 채집한 기념석

소형피켈

※ 현재 경희대학교 기록관에 소장중이다

특수체육회 창립과 대만 위산 등반
전국을 무대로 누볐던 1960년대의 주요 산악운동

1962년, 다울라기리산군 등반을 마치고 돌아오자 모교인 경희대학교에서는 학내 박물관 한편에 나의 기념관을 마련해 주었다. 한국 최초로 히말라야에 도전한 원정대의 도전정신을 학생들에게 알리기 위함이었다.

60년대 초반, 한국산악운동의 중심에는 대한산악연맹과 한국산악회가 있었다. 대산련 초대회장은 이숭녕 선생, 한산 회장은 홍종인 선생이었다. 나 역시 1963년 대산련 이사로 선임되어 산악운동 발전을 위해 일할 수 있는 기회가 주어졌다.

한편, 이해 12월 12일 세종로 신문회관에서는 문교부와 군의 지원을 받아 창립한 '한국특수체육회'의 창립식이 열렸다. 초대회장은 김정근(국회의원) 선생이 맡았고 나는 산악부 이사로 임명되었다. 특수체육회는 말 그대로 특수한 8개의 체육 종목인 산악, 카누, 낙하산, 승마 등의 종목을 발전시키기 위해 만들어진 단체였다. 이 단체의 창립으로 국내 산악운동은 다양한 형태로 발전할 수 있는 계기가 마련되었다.

64년 6월 6일, 한국특수체육회 주최의 '제1회 등산 훈련대회'가 경기도 화악산에서 열렸다. 참가자는 각 시도 교육위원회에서 선정한 전국 남녀 고등학교 33개 팀, 총 참가자는 99명이었다. 이들은 높은 수준의 산악강좌와 고강도 등산훈련을 받았다.

대산련이 주최한 국토종주에 나선 이들. 오른쪽부터 강호기, 곽기훈, 양습협, 김신권, 이원직, 필자다. 맨 왼쪽에 있는 이는 이름을 잊었다

66년 12월, 대산련이 정부로부터 사단법인 허가를 받자, 이듬해 서울시, 충북, 충남, 전북, 경북산악연맹이 시도지부로 가입했다. 전국적인 조직을 갖춘 단체로 성장한 대산련은 연례행사로 설제(雪祭)와 백운제(白雲祭)를 매년 개최하며 일반등산 발전에 힘썼다.

67년 4월 22일에는 '제1회 등산대회'가 대산련 주최, 문교부·<동아일보> 후원으로 우이동에서 개최되었다. 전국에서 340명의 선수가 참가한 이 대회는 우이동을 출발, 북한산을 넘어 세검정까지 이르는 코스에서 열렸으며 참가자들은 한 치의 양보도 없는 열띤 경쟁을 펼쳤다.

이해 겨울, 어려운 시기에 대산련 초대회장을 맡아 등산 발전에 공헌한 이숭녕 선생은 임기만료와 함께 사임했다. 2대 회장을 선출하기 위한 이사회가 바로 열렸는데 참

1967년 설악동의 풍경. 마등령을 뒤로한 필자가 포즈를 취했다

가자는 이원직, 김기문, 박영선, 김기환씨와 필자였다. 우리는 숙의 끝에 산악운동을 범국민운동으로 발전시키기 위해서는 능력을 갖춘 이가 필요하다는데 의견을 모았고, 적임자인 국회의원 최두고씨를 회장으로 선출했다. 새로운 집행부가 들어선 대산련은 도약을 위해 여러 가지 행사를 기획했다.

이중에서 가장 기억에 남는 행사는 68년에 열린 '제2회 등산대회'다. 이 대회에는 전국에서 440여 명의 선수와 임원이 참가, 대성황을 이루었다. 나는 대회 때마다 심판위원장을 맡아 우리나라 산악운동이 나아갈 방향과 자세를 강조하는 데 주력하는 동시에 산악기상과 지형, 지질, 구급법, 자연보호 등에 대해서도 강론했다. 더불어 선수들에게 히말라야산맥에 대한 도전 의지도 심어주었다.

그해 여름 대산련에서는 통일의지를 높이기 위해 각 단체 회원들이 참가한 가운데 '삼천리 국토 종주'를 실시했다. 69년에는 전국에서 390명의 선수가 참가한 가운데 관악산에서 '제3회 등산대회'를 개최했다.

특수체육회가 주최한 '제2회 산악훈련' 참가자들이 백담계곡으로 행진하고 있다

한편 특수체육회에서는 국고 지원을 받아서 봄과 가을에 고등학생과 대학생들을 위한 등산대회를 개최, 등반 기술 향상에 힘썼다.

이처럼 60년대는 산악운동이 각 산악단체를 중심으로 활발하게 이루어진 시기였으며, 해외 산을 향한 도전의 기회도 있었다. 이를 자세히 소개한다.

대만 위산(玉山) 등반

65년 1월 11일, 나는 특수체육회 주최의 대만 위산(3,997m) 등반에 나섰다. 총 7명의 대원이 타이베이에 도착하자 중국청년산악회의 총 간사인 한지씨와 대만 산악인들이 따뜻하게 환영해주었다. 며칠간 등반 준비를 마친 우리는 16일 위산을 향해 출발했다. 자이에서 일박한 등반대는 관광열차 편으로 2,265미터에 있는 산악 도시 아리산(阿里山)에 도착했다.

아리산 일대에는 대만 특산의 회(檜)나무, 홍회(紅檜) 등 귀중한 수목이 울창했다. 회나무는 대만이 세계 1위 생산지라고 한다. 하지만 더욱 놀라운 것은 아리산 입구에 있는 신목(神木)이었다. 높이 51미터, 둘레가 23미터인 이 나무의 수령은 무려 3천 년이었다. 경기도 용문산에 있는 은행나무보다 2천 년이나 더 오래되었다는 말을 들은 나는 놀라지 않을 수가 없었다.

이뿐만 아니라 이곳에는 상사(想思)수에 대한 애틋한 전설도 전해내려 오는데, 그 이야기는 이렇다. 옛날 청춘 남녀 한 쌍이 이 나무를 정원에 심은 후 백년해로를 언약했다. 그러나 양가 부모들의 반대에 부딪히자 이들은 이 나무 아래에서 고민하다가 상사병으로 죽었다는 것이다. 그때부터 나무의 이름이 상사수가 되었다고 한다.

전설을 간직한 나무를 뒤로하니 정면으로 펼쳐진 위산의 풍채가 만만치 않다. 이산은 청나라 때 뻬이루위산(北路玉山)이라고 불렸고, 일본이 대만을 합병했을 때는 니이다카야마(新高山)라고 했다.

대만에는 3,000미터가 넘는 산이 모두 48개 있는데, 이중 3,500미터가 넘는 난산

대만 위산 등반 중 먼 산을 바라보는 필자

(南山), 둥산(東山), 뻬이산(北山), 씨산(西山) 등이 위산 인근에 있다. 이 봉우리들은 마치 위산을 시종하는 듯 서있다. 우리는 자연의 아름다움을 호흡하면서 둥푸에 도착, 하룻밤을 보냈다. 다음날 파이윈산장에 도착한 등반대는 위산만 오르려던 계획을 수정, 인근의 봉우리들도 등반하기로 했다. 아름다운 산의 자태에 빠진 우리는 한 봉우리라도 더 오르고 싶은 욕망이 컸기 때문이었다.

19일 아침, 닌산을 향해 출발했다. 대만산악인 예(葉)씨에 의하면 난산은 난코스로 악명이 높아 적설기에는 현지 산악인들도 등반한 적이 없다고 했다. 다부진 각오로 굳은 설면을 크램폰으로 찍으며 한발 한발 오른 우리는 등반시작 2시간 만에 3,864미터의 정상에 올랐다.

몸이 풀린 등반대는 20일에 위산을 올랐고 21일에는 뻬이산도 올라 연속 등정에 성공했다. 하산은 온 길을 되돌아가서 위산봉과 이어지는 안부로 내려가는 것이 정 코스였다. 하지만 거리가 길어서 하루 만에 빠퉁관까지 하산하기에는 무리였다. 그래서 나

필자가 대만에 있는 위산에 올라 태극기를 들고 섰다

는 설악산 적설기 산행하던 식으로 질러서 하산하는 방법을 택했다. 이런 결정을 한 것은 사면으로 하산하는 것이 등산로를 따르는 것보다 어렵지 않다는 경험 때문이었다. 뒤도 돌아보지 않고 눈사면을 직선으로 질러나갔다.

대원들과 대만산악인들은 내 결정이 올바른 선택이었는지 반신반의하는 듯 했지만, 자신 있게 하산하는 나의 모습을 보고는 믿음이 생겼는지 곧 뒤를 따랐다. 중단부에 도착하자 짧은 암벽 구간이 나왔다. 로프를 설치해 하강하니 빠퉁관이 코앞이었다.

특수체육회의 산악훈련

위산 등반을 성공적으로 마치고 한국으로 돌아온 나는 그해(1965년) 11월 14일 특수체육회에서 주최한 '제2회 산악훈련'의 지도위원으로 참가했다. 신문 광고를 보고 참가 신청을 한 132명의 참가선수와 18명의 지도위원은 곧바로 설악산으로 향했다. 당시 나의 중점 지도사항은 안전과 협동정신이었다.

설악산 입구 용대리 하천가에서 야영하며 첫날을 보낸 우리는 다음날 영시암 절터에 도착해 막영을 한 후, 등반 3일째 쌍폭을 올라 봉정골 인근에 천막 50여 동을 쳤다. 노란색, 파란색, 빨강색 등 형형색색의 천막이 들어찬 계곡은 장관을 이루었다.

우리는 그날 밤 나뭇가지를 주워서 불을 피우고 캠프파이어를 했다. 불꽃이 튀는 소리를 들으며 감자를 구워먹고, 모닥불 가에서 산우들과 이야기를 나누었고 노래도 불렀다. 당시의 즐거웠던 기억이 어제 일처럼 새롭다.

다음날 우리는 봉정암에 올라 자장율사가 세운 석탑을 돌아본 후, 바위틈에서 솟아나는 정갈한 샘물을 모두 한잔씩 들이켰다. 다시 등반에 나선 전 대원은 이날 오후 모두 대청봉에 섰다. 그러자 나타난 동해의 푸른 바다와 늦가을 천불동계곡의 아름다운 풍광은 머릿속에 지워지지 않을 한 장의 사진으로 각인되었다.

'제2회 산악훈련' 참가자들이 용대리 하천변에 텐트를 치고 있다

필자가 1963년 관악산에서 열린 '제3회 등산대회' 참가자들에게 주의사항을 설명하고 있다

기사스크랩

호랑이와 맞닥뜨린 설악산 동계 등반
특수골 개척과 일본 북알프스 산행

1966년 12월, 특수체육회가 주최한 '제3회 설악산 적설기 등반'이 내설악 일원에서 열렸다. 동계 등반기술 향상을 목적으로 열린 이 행사에는 전국에서 73명이 참가했다. 우리는 첫날 영시암 절터에서 야영한 후 다음날 봉정계곡을 올랐다. 3일째는 소청봉에서 대청봉으로 이어진 능선을 주파했는데 바람에 날려서 쌓인 크러스트 된 사면의 눈을 밟으며 오르는 맛이 아주 좋았다.

오후에 대청봉에 도착했다. 바람이 강하게 불어선지 눈은 많이 쌓여 있지 않았다. 기온은 영하 22도였는데 우리는 예정대로 정상 부근에 20여 동의 천막을 쳤다. 강풍이 불고 너무 추워서 대원들은 모두 천막으로 급하게 들어갔다. 하지만 정상에서 맞이하는 밤, 특별한 기분이 들어선지 우리는 천막마다 불을 환하게 밝힌 채 밤을 지새웠다. 그리고 다음날 새벽 추위에도 아랑곳하지 않고 손을 비비며 동해의 장엄한 일출을 기다린 대원들 앞으로는 붉은 태양이 힘차게 솟아올랐다. "우와~!" 우리는 일제히 힘차게 함성을 질렀다. 한겨울 설악의 정상에서 맞이한 장엄한 일출은 일생 잊을 수 없는 기억으로 남았다.

한·일 교류등반에 나선 대원들이 잠시 휴식을 취하고 있다

하산하며 개척한 특수골

하산은 새로운 하강루트를 개척하며 천불동으로 정했다. 대원들을 능선에 대기시킨 나는 새로운 길을 찾아 하산하던 중 지난가을에 누군가가 따놓은 잣 더미를 발견했다. 배낭을 내려놓고 잠시 휴식을 취하는데 이상한 느낌이 들어서 뒤를 돌아보니 호랑이 두 마리가 측백나무 숲 쪽으로 어슬렁거리며 지나가고 있는 것이었다. 순간 나는 용대리마을 사람들에게 봉정암과 백운동 계곡으로 약초를 캐러 간 사람이 범과 눈이 마주쳐서 혼비백산해 도망쳐 내려왔다는 이야기가 떠올랐다.

호랑이는 그리 큰 덩치는 아니었지만 몸에는 특유의 검은 줄이 선명했으며 꼬리에도 있었다. 설악산이 소란스러워서 어디로 이동하고 있는 모습이었다. 말로만 듣던 설악산 호랑이와 직접 마주치리라고는 꿈에도 생각하지 못했던 나는 큰 소리로 대원들에게 "호랑이가 지나간다"라고 소리쳤다. 그러자 잠시 후 대원들이 내려왔다. "방금 지나간 호랑이를 보았느냐?"고 물으니 "호랑이는 보지 못했고 빨리 내려오라는 줄로만 알았다"고 했다. 잠시 휴식을 취한 우리는 계곡을 타고 하산을 계속했다. 중간에 직벽을 만났지만 로프를 걸고 쉽게 하강한 우리는 좁고 눈이 깊은 골짜기를 지나 안전한 등산로에 도착했다.

비록 짧은 산행이었지만 나는 당시 훈련을 통해서 도전과 개척 능력을 터득할 수 있었다. 우리가 개척한 새로운 코스의 명칭을 '특수골'이라 명명함이 어떠냐고 물으니 대원들 모두 동의하였다.

이후에도 나는 적설기때 설악산을 오르며 곰 발자국을 자주 목격하곤 하였다. 주민들의 이야기로는 설악산에 40~50마리의 곰이 살고 있으며 이밖에도 털이 노란 담비, 오소리, 너구리, 산양, 멧돼지, 노루, 고라니, 수달 그리고 토끼, 들꿩 등의 야생동물이 많다고 했다. 그러나 어느해 겨울 폭설이 3미터나 내린 후부터 산 짐승들의 자취가 사라졌다고 했다.

멸종 위기에 처한 것은 동물뿐이 아니었다. 내설악 오세암에서 마등령에 올라서면

특수체육회가 주최한 '제3회 설악산 적설기 등반'에 참가한 대원들이 소청봉 인근을 지나고 있다

1967년 일본 북알프스 등반 중 잠시 운해를 감상 중인 대원들

넓은 수림지대가 있는데 그곳에 봄이 오면 개불알꽃, 앵초꽃들이 지천으로 피었다. 그리고 점봉산에는 산나물 중 가장 맛이 있다는 메이라는 식물이 있었는데 사람들이 무분별하게 뿌리째로 뽑아가서 멸종위기에 처했다. 돈만 된다면 무엇이든 내다 파는 이들에 의해 황폐해진 설악산을 보자니 자연에 대한 윤리의식이 필요하다는 생각이 강하게 들었다. 자연이 황폐해지면 인간도 황폐해지기 때문이다.

아주 먼 옛날에는 설악산을 벼락산이라고 했다. 벼락이 많이 치는 근엄한 산이라는 뜻에서다. 설악(雪岳)은 글자 그대로 '눈이 많이 쌓이는 뫼 뿌리'라는 뜻으로 희고 신성을 의미하기도 한다. 나는 설악산을 수없이 다니면서 한민족의 기백과 기상이 설악의 뫼 뿌리에서부터 뻗어 내린 것이 아닌가라는 생각을 많이 했다. 왜냐하면 설악산은 언제나 강인하고 새로운 모습으로 나를 맞아주었기 때문이다.

일본의 선진 등반 문화에 깊은 인상 받아

나는 일찍이 다울라기리 등반을 계기로 알게 된 일본의 오키 마사토 교수와 한·일 교류등반을 협의하던 중 한국팀이 일본을 먼저 방문해 달라는 요청을 받았다. 이리하여 1967년 8월 경희대학교산악부와 일본 나고야의 메이죠대학 산악부가 한·일 친선 교류등반을 하게 되었다. 한국팀의 대원은 조정원, 신재룡, 오건영, 고기채, 하세득, 지온과 필자 등 7명이었다.

나는 일본에 도착해 대원들에게 국가관을 가지고, 국위를 손상하는 행위를 해서는 안 된다고 당부했다.

이날 저녁에는 메이죠대학 이사장과 총장, 한국 민단본부 직원과 나고야 영사관 총영사, 그리고 각계 인사 100여 명이 참석한 가운데 우리를 환영하는 만찬이 있었다. 첫 한·일 교류등반의 의의를 되새기며 8월 11일, 우리는 북알프스에 입산했다. 가미고지(上高地)에 이르니 천막 600여 동이 있었는데, 이 모습을 보며 일본 산악인들의 등반 열정이 대단하다고 생각되었다.

한편 메이죠대학 산악부에서는 OB회원 12명이 교류등반에 참가했는데 이 중 8명은 지원조로, 4명은 등반조로 우리와 함께 산행했다. 하지만 폭우 속의 등반이라 오쿠호다카다케(3,190m)도 못 오르고 하산했다. 그러나 끈기를 잃지 않고 날씨가 바뀌기를 기다린 우리는 8월 13일 등반에 다시 나서 기타호다카다케, 야리가다케를 올랐다.

특이한 점은 이곳 날씨가 좋아지자 관광지처럼 변했고 산을 찾은 여자 중에는 구두를 신고 등산하는 사람도 있었다. 우리는 다음 등반지인 스고로쿠에서 쿠모노다히라, 아라스카공원 코스로 향했다. 이 루트는 개척된 지 2년밖에 안 되어서 행로가 어려웠으며 찌는 듯한 더위도 운행을 더디게 했다. 다행히 등산로 중간에는 녹지 않은 눈이 있어 미숫가루를 타 먹을 수 있었으며, 나고야 영사관에서 준비해준 고추장과 마늘장아찌가 산행에 많은 도움이 되었다.

나는 일본 북알프스 산행을 하면서 진귀한 식물 30여 종을 채집했다. 그리고 8월 20일, 산행을 무사히 마치고 오리다테로 하산했다. 돌아보면 당시 일본의 산을 오르며 얻은 체험은 작은 것이 아니었다.

한국의 산악인들은 등산할 때 급템포로 쉬지 않고 오르는 데 반해 일본의 산악인들은 히말라야 등반을 하듯 느린 템포로 가다가 자주 쉬면서 체력을 비축하며 올랐다. 휴식시간에는 행동식으로 체력의 급격한 소진을 방지했다.

일본 산은 어디를 가든지 휴지 하나 없이 깨끗했다. 자연을 보호하고 지키려는 그들의 노력은 오래전부터 이미 시작하고 있었던 것이다. 일본의 선진 등반문화에 깊은 인상을 받고 한국으로 돌아온 나는 이를 널리 알리고 실천해야 할 방법을 모색했다.

일본 북알프스 등반 중 고저가 크지 않은 완만한 능선길을 오르는 대원들

악전고투! '제3회 설악산 적설기 등반'에 참가한 대원들이 허리까지 빠지는 눈을 헤치며 앞으로 나가고 있다

호랑이를 만나는 위기를 겪으며 특수골을 개척한 대원들이 천불동 계곡으로 하산하고 있다

가미고지에서 포즈를 취한 필자. 8월인데도 계곡에는 잔설이 남아 있다

한국 산악인의 방해 속에 도전한
아! 로체 샤르
권영배 대원 고산증으로 생사의 갈림길에

로체 샤르(8,382m)!

히말라야의 많은 봉우리 중 왜 하필이면 나는 로체 샤르를 선택했을까? 그것은 남들이 오른 봉우리를 오르기보다는 미답의 8,000미터급 산을 올라보자는 소신과 미지를 향한 탐구심 때문이었다. 그리고 대한산악연맹이 실시하는 산악행사에 상응(相應)했기 때문이기도 했다.

로체 샤르는 8,000미터가 넘는 고봉으로 전면부는 3,000미터가 넘는 수직 절벽이다. 당시 등로는 남동릉 뿐이었다. 이 산을 처음 등반한 팀은 1960년, 뉴질랜드 원정대였으며 이들은 6,700미터까지 올랐다. 65년에는 일본의 와세다대학팀이 능선을 타고올라 7,000미터 이상까지 진출했지만 커다란 암벽에 막혀서 등정에는 실패했다.

초등은 1970년 5월, 오스트리아팀이 했는데 당시 나는 이 산의 등반 허가를 이미받아놓은 상태였다. 소식을 접한 나는 비록 초등은 놓쳤지만 아시아 최초로 이 산을오르겠다는 당찬 각오로 원정을 계획대로 진행했다.

1971년 3월 12일 히말라야 로체샤르 등반대 결단식

　당시 나는 대산련과 특수체육회 소속으로 산악활동을 하고 있었는데 나와 인연이
있던 공화당의 김영도 선생이 대산련 부회장으로 임명되면서 로체 샤르 등반은 급물
살을 탔다. 김 선생의 도움으로 나는 박정희 대통령에게 품신하여 정부로부터 원정비
를 전달 받았다.

　대원은 시도연맹 산하단체에서 선출한 등반가들로 구성되었다. 대장은 내가 맡았으
며 부대장은 강호기, 대원은 양승혁, 최수남, 하세득, 장문삼, 박상열, 김인길, 김초영,
권영배, 김운영 기자 등 11명이었다.

로체샤르의 전경 8,382m

한국 산악인이 등반을 방해했다

히말라야 원정은 자금이 마련되지 않고서는 갈 수가 없다. 운영 자금을 전달 받은 나는 네팔로 출국하기 전 고마운 마음으로 김영도 선생을 만나 "이번 원정가는 길에 에베레스트 등반신청서를 제출할 터이니 다음 원정은 김 선생이 가십시오"라고 했다.

1971년 3월 17일, 서울을 출발한 원정대는 드디어 네팔의 카트만두에 도착했다. 장비 구매 차 일본으로 먼저 출발했던 강호기 부대장은 4월 24일 본대와 합류했다. 27

1971년 로체샤르 원정 시 상념에 잠긴 박철암 대장

일, 네팔 외무성에 입산 신고를 마치고 차기 에베레스트 등반신청서도 접수했다.

그날 셀파 7명을 고용하고 호텔로 돌아오자 <UPI> 기자가 나를 만나기 위해 기다리고 있었다. 차를 마시며 담화 중 그는 뜻밖의 말을 했다.

"박 대장! 당신은 이번 원정에서 절대로 성공할 수 없습니다." 무슨 뜻이냐고 물었더니 그는 "히말라야 소사이어티에서 한국 원정대에게 배정한 사다는 수년 전 다울라기리 1봉 등반 중 가슴을 크게 다친 사람입니다. 한국 산악인의 요청에 의해 고용된 사람이니 교체하지 않고서는 성공할 수가 없습니다"라고 말했다.

나는 큰 충격을 받았다. 셀파는 대원과 마찬가지여서 이들의 능력에 따라서 등정의 성패가 좌우되기 때문이었다. 이런 일이 내게 일어나리라고는 생각지도 못했다. 도대체 누가 어떤 이유로 이런 치졸한 짓을 했느냐고 기자에게 물으니 그는 끝내 말할 수 없다고 했다. 다울라기리 정찰 등반 때도 셀파 때문에 힘들었는데 이번에도 또 고생을 해야 한다고 생각하자 한숨이 절로 나왔다.

하지만 내가 산에서 배운 것이 무엇인가? 그것은 바로 인내였다. 나는 이런 음모를 가슴에 묻고 참았다.

원정대가 베이스 캠프를 설치하고 태극기를 세웠다

　며칠 후, 원정대는 쿰중에 도착했다. 나는 몸 상태가 정상이 아닌 사다를 불러서 노임은 약정대로 지급할 테니 이곳에서 우리가 돌아올 때까지 쉬라고 했다. 하지만 그날 저녁, 셀파 전원이 나를 찾아와서 사다를 교체하면 자신들은 원정대에 협력하지 않겠다고 으름장을 놓았다.

　셀파는 짐을 나르는 일꾼이 아니라 등반을 함께하는 대원과 다름없기 때문에 당시 이들의 도움 없이는 히말라야 등반은 상상할 수가 없었다. 셀파족은 네팔 북부 티베트 접경지역 솔루 쿰부지역에 흩어져서 사는 인종으로 주거지가 3,000~4,000미터의 고지대다. 자연히 고소 적응력이 좋아 등반에 많은 도움이 된다.

　고민 끝에 나는 그간의 일을 덮어두고 셀파 전원과 베이스캠프로 함께 가기로 했다. 이튿날 카라반을 속개한 원정대는 탕보체를 지나 딩보체 고개에 이르렀다. 그러자 멀리 웅준한 로체 샤르와 임자체 빙하가 뚜렷하게 보였다.

4월 6일, 저중(4,500m) 방목지대를 지나자 대원 몇 명의 활동이 둔해졌다. 베이스 캠프까지 바로 가기는 어려울 것 같아서 5,050미터 지점에서 막영을 준비했다. 대원들이 속속 도착했지만 권영배 대원만이 보이지 않았다. 그를 찾아서 800미터 정도 내려갔더니 권 대원은 셀파의 부축을 받으면서 올라오고 있었다. 걸음걸이가 힘이 없어 보여서 괜찮은지 물었더니 그는 괜찮다며 텐트로 쓰러지듯 들어갔다.

저녁 준비가 돼서 식사하러 나오라고 권 대원을 부르자 아무 대답이 없었다. 천막 속을 들여다보니 그는 그냥 누워 있었는데 불길한 예감이 들어서 그의 눈을 바라보았다. 예감대로 권 대원의 눈은 검은 자(각막)가 보이지 않고 흰자(결막)만 보였다. 자칫 하다가는 목숨을 잃을 수 있는 심각한 상황이었다. 나는 즉시 대원들에게 이 상황을 알리고 산소호흡기로 씌워 응급조치했다. 하지만 차도가 없었다.

생사의 기로에 선 권영배 대원

나의 선친이 의사였기에 아버지가 어릴 적 응급환자 진료하던 때를 떠올려 권 대원에게 강심제를 놓았다. 몇 분 후 그는 뒤집혔던 눈이 돌아오면서 벌떡 일어나 앉았다. 그리고 물 한 모금 마시고는 "대장님 죄송합니다. 저 좀 누워야겠어요"라며 다시 침낭으로 들어갔다. 잠시 후 권 대원의 눈은 다시 돌아갔고 나는 즉시 산소를 주입했다. 그리고 밤새도록 간호 했지만 그의 상태는 호전되지 않았다. 다음날 권영배 대원을 카트만두로 후송하기 위해 들것을 만들고 셀파 2명과 포터 8명, 그리고 대원 5명으로 구성된 후송 조를 조직했다. 나머지 대원들은 베이스캠프로 올라가기로 했다. 상황이 이지경이 되자 원정대는 극심한 혼란에 빠졌다. 일부 대원은 권 대원 때문에 팀 전체가 희생할 수 없다고 했다. 하지만 등산보다 중요한 것은 생명을 구하는 것이었다. 대원들에게 이를 주지시키고 후송을 시작했다. 남체바자르(3400m)에 있는 힐러리 병원이 목적지였다. 후송 도중 뉴질랜드 의사 램덤씨를 만나 치료를 받았지만 회복되지 않았다. 이제 권 대원의 생사는 하늘만이 알고 있었다.

원정대원들과 포터들이 잡석지대를 지나 베이스캠프로 향하고 있다

로체 샤르 베이스캠프를 향한 포터들의 긴 행렬이 이어졌다. 이들은 남녀노소를
불문하고 20㎏ 정도의 짐을 나른다

3캠프에 닥친 눈사태,
강호기와 박상열의 생사는?
로체 샤르의 최난 구간 '검용 능선'을 돌파하다

　로체 샤르(8,382m) 베이스캠프(5,300m)에 도착한 후 심각한 고산증으로 사경을 헤매던 권영배 대원의 긴급 후송에 나선 우리는 우여곡절 끝에 4월 8일 남체바자르(3,200m)에 도착했다. 카트만두로 권 대원을 후송하기 위해 이곳의 구조용 무전기를 찾으니 3개월 전에 이미 고장났다고 한다. 다행히 이곳에 체류하고 있던 뉴질랜드 의사 부인이 우리의 상태를 긴급전문을 통해 카트만두에 알리자 관광성에서는 다음날 헬기를 보내주겠다고 했다. 그날 밤 뉴질랜드 의사와 양승혁, 강호기, 장문삼, 하세득 대원은 힐러리 병원에 있던 산소 5킬로그램을 권영배 대원에게 밤새 투입했다. 하지만 그의 상태는 시체나 다름없었다.

　다음날 아침, 밤새도록 권 대원을 치료한 뉴질랜드 의사는 "나는 할 만큼 했다"며 자포자기한 표정을 지었다. 암담했지만 우리는 헬기가 착륙할 수 있는 남체바자르 앞산으로 권 대원을 업어 날랐다. 오전 9시가 좀 지나자 저 멀리서 헬기가 나타났다. 그러나 기상 상태가 좋지 않아선지 10분이 넘도록 선화만 하고 있었다. "저러다 돌아가는 것은 아니겠지"라고 생각하던 그 순간 권영배 대원이 살려고 그랬는지 잠시 하늘

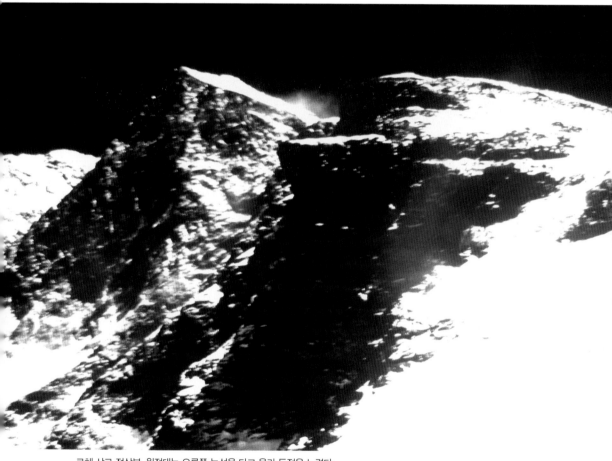

로체 샤르 정상부. 원정대는 오른쪽 능선을 타고 올라 등정을 노렸다

한 대원이 2캠프를 향해 설빙벽을 오르고 있다

원정대원들이 장비를 1캠프에서 2캠프로 수송하고 있다

권영배 대원 수송을 마치고 베이스캠프로 복귀하는 대원들

이 열렸다. 이 순간을 놓치지 않은 헬기가 우리 앞에 착륙했다. 꺼져가던 한 생명의 불씨가 다시 타오르는 순간이었다. 권 대원은 컨디션이 좋지 않은 양승혁, 하세득 대원과 함께 헬기에 올랐다.

이들을 떠나보내자 온몸의 긴장이 풀려선지 우리는 식사도 못 할 정도로 녹초가 되었다. 대원들이 받은 정신적 충격은 작은 것이 아니었다.

4월 10일 저녁, 베이스캠프(5,300m)에 대원들이 모였다. 나는 "후송자가 있었지만 이에 동요하지 말고 몸과 마음을 추스려 로체 샤르 등반에 다시 한 번 온 힘을 다해 도전하자"며 대원들의 가슴에 등반의지를 불어넣었다.

우여곡절 끝에 시작한 등반

베이스캠프에서 바라본 로체 샤르는 고개를 젖혀야 정상부가 보일 정도로 가파른 수직 절벽이었다. 특히 7,000미터 대에 형성된 푸른색의 편마암지대는 지구 생성 역사를 보는 것 같았다. 그 암벽 층에서 가끔 낙석이 발생했는데 나는 빙하지대로 떨어진 돌 하나를 주웠다.

11일, 등반에 앞서 전 대원은 베이스캠프에서 하나님께 예배를 드렸다. 등반성공을 바라는 우리의 찬송과 기도 소리가 적막한 산중에 울려 퍼졌다. 예배를 드리고 나니 의지할 곳이 생겨선지 한결 마음이 편안해졌다.

이후 우리는 본격적인 등반을 시작했는데, 그 선봉에 선 이는 강호기, 최수남, 박상열, 장문삼, 김인길 대원과 셸파 2명이었다. 이들은 1캠프 설치를 위해 2킬로미터가 넘는 빙하를 건넜다. 이후 대원들은 며칠간 직벽을 올라 5,700미터 남동면 밑에 캠프를 설치했다. 하지만 대원들이 텐트를 설치한 곳은 살짝 눈이 덮여 있는 히든 크레바스 위였다. 이날 밤 휴식을 취하던 대원들은 갑자기 텐트가 크레바스에 빠지는 위기를 겪기도 했지만 다행히 크레바스가 넓지 않아서 대형 참사를 모면할 수 있었다.

14일, 김초영 대원도 전진캠프로 향했다. 하지만 우리의 등반을 취재하던 김 기자는

가파른 설벽에 설치한 3캠프. 이곳에 눈사태가 덮쳤지만 다행히 대원들은 무사했다

서남능선의 제2캠프

몸이 좋지 않다며 먼저 하산했다. 22일, 등반에 나선 최수남, 박상열 대원과 2명의 셸파가 6,250미터에 2캠프를 설치하는 데 성공했다. 서남능선 상에 있는 2캠프는 마치 말안장 같은 설릉 위에 있는 작은 장난감 집과 같았다. 능선은 플라토지대로 이어졌는데 크고 작은 빙탑들의 연속이라 날카롭기가 마치 톱날 같았다.

우리는 이 능선을 '공룡의 등'과 같다고 해서 '검용(儉龍)' 능선이라 명명했다. 이 구간을 돌파하기 위해 우리는 1미터마다 스텝을 3~4개나 깎아야 했다. 이날 우리는 200미터의 로프를 고정하고 2캠프로 하산했다. 캠프의 넓이는 33제곱미터 정도였으며 동쪽으로는 수직 빙벽이, 서쪽으로는 80도의 빙설벽이 까마득하게 펼쳐졌다. 어디로든 실족한다면 족히 1,000미터는 추락할 것이 뻔했다.

26일, 밤새 강풍이 불었다. 그렇지 않아도 날카로운 능선에 막혀 루트 개척이 늦어져 걱정이었는데 엎친 데 덮친 격이 되었다. 흔히 산악인들의 낙원이 히말라야라고 하지만 로체는 예외로 해야 했다. 왜냐하면 공포의 빙벽이 연속되있기 때문. 그러나 우리에게 선택의 여지가 없었다. 검용 능선을 돌파하지 못한다면 원정등반을 마쳐야 하기 때문. "가자! 저 빙벽을 돌파하러!" 마음 속으로 외치고 또 외쳤다.

구름에 쌓여있는 로체 샤르. 원정기간 동안 악천후는 계속되었다

4월 23일과 24일은 그동안 내린 눈으로 눈사태의 위험성이 있어서 우리는 텐트에서 대기했다. 25일 다시 하늘이 열렸고 가장 어려운 구간에 최수남, 박상열 대원이 붙어 올라 300미터의 로프를 더 설치했다. 그들이 수직 빙벽에 붙어 한발 한발 스텝을 만들며 거북이 같이 전진하는 모습은 감동적이었다.

5월 1일, 구름이 너무 많아서 오전 10시까지 대원들은 등반을 시작하지 못했다. 하지만 2캠프 인근에서 지난해 오스트리아팀이 사용하던 설동을 발견했다. 막막한 고지에서 인간의 흔적을 발견한 대원들은 마음의 위안을 얻은듯했다.

5월 3일, 강호기, 박상열 대원과 2명의 셀파가 등반에 다시 도전하여 초속 20미터의 강풍을 뚫고 마의 검용 능선을 넘어서는 데 성공했다. 이날 캠프지로 예상한 독수리 둥지가 코앞이었지만 더 이상 전진은 무리였다. 80도의 빙벽을 어렵게 파낸 이들은 4인용 텐트를 겨우 설치했다. 이곳의 고도는 6,700미터였다.

대장님 눈사태가 덮쳤습니다

이날 밤 날씨는 더욱 악화되었다. 바람은 초속 30미터에 육박할 정도로 더욱 강해졌고 기온은 영하 28도까지 내려갔다. 5월 4일 새벽 6시 30분, 강 대원은 무전기를 통해 "대장님 어젯밤에는 바람에 천막이 날아가는 줄 알았습니다. 악몽 같은 밤이었습니다"며 말을 잇지 못했다. 그런 그에게 나는 "플라토에만 올라서면 정상이 눈앞이니 조금만 참고 견디자"라고 격려했다. 그리고….

5월 6일 6시 30분, "대장님 3캠프에 눈사태가 덮쳤습니다." 강 대원의 급박한 소리가 무전기를 때렸다. 그날의 위급했던 순간을 박상열 대원은 이렇게 이야기했다.

"80도 빙벽을 파내고 텐트를 친 것은 기적이었습니다. 우리가 눈사태의 직격탄을 피할 수 있었던 것은 워낙 경사가 급한 곳에 텐트를 설치한 것 때문입니다. 하지만 천장을 스치며 떨어진 눈 덩어리의 파괴력도 작은 것은 아니었습니다. 우리가 살 수 있었던 또 하나의 이유는 침낭 지퍼를 열어놓고 잔 덕에 텐트에서 빨리 빠져나올 수 있었기 때문입니다. 눈사태가 덮친 그날 밤 나는 꿈을 꾸었는데 꿈속에서 형님이 나타났고 상열아! 그만 자고 빨리 일어나라고 소리친 것 같습니다. 나는 그 소리에 놀라 벌떡 일어났고 그때 강호기 대원이 '눈사태다!'라고 외쳤습니다."

한편, 강호기 대원의 이야기는 이렇다. "새벽 6시쯤 선잠에서 깨는 순간 눈사태가 텐트를 덮쳤습니다. 나는 눈사태라고 소리치고 반사적으로 몸을 날려 텐트 밖으로 빠져나왔습니다. 그리고 고정된 로프를 잡고 셸파들이 잠자고 있던 설동으로 긴급하게 피신했죠."

눈사태의 위험이 사라졌다는 연락을 받은 나는 무전기를 들고 한동안 등반을 더 해야 하는지를 고민했다. 대원들의 안전 때문이었다. 하지만 이대로 물러설 수는 없었다. 최선이란 적어도 세 번 이상은 시도해야 하는 것. 나는 우리의 사명을 다시 되새기며 등반에 다시 나서라는 명령을 내렸다.

5월 7일, 대원들은 잠시 맑은 틈을 타 등반에 다시 나섰다. 하지만 오후에 급변한 날씨 때문에 70미터의 고정 로프를 설치하는 것으로 이날 운행을 마쳐야 했다.

5월 8일, 로프 230미터를 더 고정하자 3일간만 날씨가 좋다면 4캠프를 설치할 수 있을 것 같았다. 그러나 날씨는 예측할 수가 없었다. 지난 30여 일 동안 맑은 날은 단 6일에 지나지 않았기 때문. 더군다나 몬순이 점점 다가오고 있었다. 신이 우리에게 로체 샤르로 향하는 문을 열어 줄지는 이제 2주일간의 기상상태에 달렸다. 하늘이 열리길 빌며 나는 두 손을 모았다.

우측능선을 타고 이동하는 대원들

용맹했던 대원들의 외침이
아직도 귓가에 생생하다
1971년 로체 샤르 등반,
악천후로 8,100미터에서 등정 포기

    네팔 기상청은 최악의 몬순이 닥친다고 예보했다. 설상가상! 그 시기가 5월 20일 전이라고 하니 평년에 비해 한 달이나 빨라진 것. 등반을 서둘러야 했다.

    1971년 5월 10일, 마지막 기회를 알리듯 오랜만에 하늘이 열렸고, 대원들은 이날 로체 샤르(8,382m)의 7,100미터 지점까지 올랐다. 11일에는 플라토 바로 밑 7,200미터까지 진출, 4캠프 설치에 성공했다. 등정을 위한 교두보를 마련한 셈이었다.

    5월 12일, 강호기, 최수남 대원과 상계와 빈조 셀파는 4캠프에서 등정을 위한 만반의 준비를 마쳤다. 캠프 위로는 빙설로 범벅된 150미터의 암벽이 버티고 서있었다. 날씨만 좋다면 대원들이 충분히 암벽을 돌파, 플라토에 설 수 있을 것으로 나는 예상했다.

    플라토에 올라서기만 한다면 우리는 로체 샤르와 PK38(7,589m)봉 중 한 봉우리를 선택해 오를 계획이었다. 어떤 봉우리를 택할지는 설원지대에 올라선 후 결정하기로 했다. 나는 하나님께 베이스캠프에서 좋은 날씨가 이어지기를 기도했다.

로체 샤르의 모습. 가장 왼쪽에 있는 봉우리가 정상이다. 원정대는 8,100m 지점에서 후퇴했다

강호기·최수남·박상열·장문삼·김인길 등 호랑이처럼 용맹했던 대원들이 베이스캠프를 떠나기 전 기념촬영을 했다. 이들 중 4명은 이미 유명을 달리했다

5월 13일, 아침에 일어나보니 학이 무리를 지어 로체 샤르 쪽으로 비행하고 있었다. 그 모습을 보고 있자니 티베트를 처음 탐험한 헤딘 박사가 떠올랐다. 나도 언젠가는 헤딘 박사처럼 금단의 땅을 탐험해보리라고 다짐했다.

4캠프의 최수남 대원과 상게 셀파가 드디어 암벽에 붙었다. 두 대원은 절벽을 1시간 30분 동안 쉼 없이 올라, 예상보다 빠르게 플라토에 도착했다.

하지만 암벽만 넘어서면 코앞이라고 예상했던 로체 샤르와 PK38봉은 하루 만에 오를 거리가 아니었다. 더군다나 두 봉우리를 연결하는 능선의 경사는 상당히 급했다. 특히 PK38봉을 오르려면 캠프 하나를 더 설치해야 했다.

로체 샤르 역시 등반의 어려움이 상당했다. 플라토에서 정상에 이르는 구간에는 경사가 급한 크레바스가 있었다.

최수남 대원은 상게 셀파와 함께 8,100미터 지점까지 올라 크레바스를 건널 수 있는 지점을 찾았다. 하지만 가장 짧은 구간을 선택해서 건넌다고 해도 300~400미터의 로프가 더 필요했다. 우리는 그동안 2,700미터 로프를 고정, 여유분의 줄이 없었다. 하단부에 설치한 로프를 회수해 사용할 수도 있었지만 적절한 방법이 아니었다. 더군다나 크레바스를 건너더라도 로체 샤르를 등정하려면 적어도 두 개의 캠프를 더 설치해야 했다. 하지만 문제는 대원들의 등반을 지원해줄 인원이

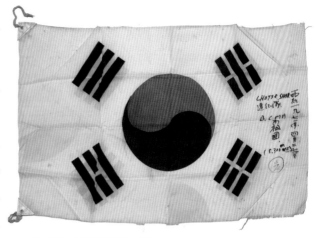

로체 샤르 등반기념 서명이 있는 태극기

없다는 것이었다. 상게와 딘노루브를 제외한 셀파들은 등반이 위험해서 운행에 나서지 않겠다고 했다.

빙벽에서 뛰어내리고 싶었다

그러는 사이 우려하던 악천후가 닥쳤다. 히말라야에서 가장 두려운 상황이 찾아온 것이었다. 눈이 더 내린다면 눈사태가 발생할 것이 자명했다. 대원들은 몬순이 시작된 것이라며 초조해했다. 상게 셀파는 정상부를 바라보며 하염없이 눈물을 흘리고 있었다. 그는 이번 등반대에 참여하기 전까지 외국 등반대와 함께 6번을 등반, 이중 3번 등정에 성공한 베테랑이었다.

그는 부족한 로프를 자신이 회수해 오겠다며 적극적인 등반의지를 내비쳤다. 그의 마음을 모르는 바는 아니었지만 나는 합리적인 결정을 해야 했다. 자연의 위력 앞에 인간의 의지는 꺾이기 마련이다. 갑자기 닥친 악천후는 등정조의 행동을 위협하고 있었다.

대원들은 여기서 돌아서느니 빙벽에서 떨어져 죽고 싶다고 했다. "아! 어찌하랴? 지난 다울라기리 등반과 마찬가지로 운이 따르지 않으니…." 나는 숙고 끝에 대원들에게

철수 명령을 내렸다.

비록 등정에는 실패했지만 강호기, 최수남, 박상열, 장문삼, 김인길 대원은 모두 용감했다. 그들이 없었더라면 저 험준한 암벽과 빙벽을 올라 플라토에 서는 것은 불가능했을 것이다. 우리는 최선을 다한 등반이라고 자부했다.

5월 17일, 베이스캠프를 철수하는 날 대원들은 모두 부둥켜안고 한없이 울었다. 루크라를 거쳐 카트만두에 돌아온 우리는 고소증으로 후송된 권 대원을 만나기 위해 병원으로 향했다. 상태가 많이 회복되었는지 그는 환하게 웃으며 "죄송합니다"라고 했다. 그의 얼굴을 보자 등반에는 실패했지만 한 생명을 구한 것에 대해 하나님께 감사했다.

한국행 비행기를 기다리는 사이 나는 이런저런 일들만 일어나지 않았더라도 좀 더 효과적인 등반할 수 있었을지 모른다는 생각이 들었다. 하지만 이런 생각은 실패자의 변명에 지나지 않는 것이었다.

귀국한 후 나는 헐뜯고 비판하기 좋아하는 사람들로부터 "그 돈이 어떤 돈인데 그것도 못 올라갔어!"라는 말을 들었다. 산악인의 고고한 정신을 모르고 원정대를 폄하하는 사람들에게 환멸을 느낀 나는 말이 없는 산을 혼자 다니기로 굳게 결심했다. 산은 진실하며 누구를 미워하거나 속이지 않기 때문이었다.

세월은 흘러 올해로 로체 샤르를 등반한지 39년이 되었다. 고생스러웠던 일이 오랫동안 기억에 남듯, 호랑이 같이 용감하게 벽을 올랐던 대원들의 당시 모습이 또렷하다. 하지만 세월은 속절없이 흘러 이미 유명을 달리한 대원이 4명이나 된다. 순백의 설산처럼 순수한 정신을 소유했던 그들의 명복을 빌기 위해 고개를 숙이자, 로체 샤르 빙벽에 붙어 "나는 왜 이렇게 험난한 산을 오르고 있을까!"라고 외쳤던 강호기 대원의 고함이 아직도 귓전에 생생하게 들리는 듯하다.

눈사태에도 불구하고 설벽을 오르는 대원들. 용맹했던 대원들의 외침이 아직도 귓가에 생생하다

'간도는 우리 땅' 민족혼 되새기며 오른 백두산

1992년 한·중 국교 수립 직후 올라

우리는 높은 산을 오르며 많은 것을 배운다. 강한 투혼과 용기, 도전정신과 자신감, 그리고 높은 기상이 대표적이라 할 수 있다. 산에는 경건하고 섬세하게 짜인 생태계가 있고 대대로 이어진 역사와 문화가 있다. 어디 그뿐이랴! 어떤 이들은 극지의 산을 올라 국가와 민족의 발전에 이바지하기도 하며, 또 어떤 이들은 산에서 낭만과 사색에 잠기기도 한다. 그러므로 산은 인류에게 도장(道場) 같은 존재이다. 그러나 일부 산악인들은 산을 개인의 공명심이나 우월감을 위해 이용하기도 한다. 이것은 바른 산악인의 자세가 아니다. 중국 고문(古文)에도 "인간의 흐린 혼을 맑게 해주는 곳이 산이다"라는 말이 있듯이 산은 순수함에 그 의미가 있다.

나는 로체 샤르(8,382m) 원정 후, 말 많은 산악계를 떠나 말이 없는 산을 혼자 찾아 나서기로 마음먹었다. 그때가 마침 1990년대 초반으로 한국과 중국의 국교가 수립되면서 백두산 관광이 막 시작되었을 때다. 한국 사람이라면 누구나 한번은 올라보고 싶어 하는 백두산! 민족의 성산을 찾아 내가 연변에 도착했을 때 알고 지내던 서성범 씨를 만나서 일정을 함께하기로 했다.

산에 들자 민족의 성산을 오른다는 감개무량함에 마음이 절로 숙연해졌고 지나간

백두산 천지의 장엄한 모습. 필자는 1992년 한·중 국교 수립 직후 백두산을 올랐다

백두산의 장백폭포가 힘찬 물줄기를 뿜어내고 있다

린장에서 뗏목을 타고 압록강을 건너는 필자

우리의 역사를 생각하지 않을 수 없었다. 흐린 기억 속에서 되살아난 백두산정계비에 대한 단편적인 기억은 산을 오르며 점점 또렷해졌다.

간도는 우리 땅이다

1712년 2월, 청나라의 요청으로 목극등(穆克登)과 조선의 안변부사 박권(朴權), 통역관 김지남·김응러·김애순, 군관 김응문(金應門) 등이 국경 확정을 위해 백두산 인근에 모였다. 이들은 백두산에서 발원하는 물줄기를 여러 차례 답사하고 백두산 정상에서 동남쪽으로 3~4킬로미터쯤 내려오다가 동쪽에 있는 조그만 언덕을 넘어 샘, 한 곳을 찾았다. 샘물은 15~20미터를 흐르다가 두 줄기로 나뉘어 각각 서쪽과 동쪽으로 흘렀다. 이 샘에서 언덕 하나를 다시 넘자 샘 한 곳이 또 있었는데, 이 샘은 50미터를 흐르다가 갈라져 동북쪽으로 흐르는 물과 합쳐졌다. 이를 본 목극등은 백두산에서 발원하는 물줄기가 각각 동서로 흘러 두 강이 되니 분수령이라 정하고 그곳에 있는 암석을 대석(坮席)으로 해 정계비를 세웠다.

백두산 천지 주변에 흐드러지게 핀 호범꼬리

정계비에는 "서위 압록, 동위 토문(西爲鴨綠 東爲土門)" 즉, 서쪽으로는 압록강, 동쪽으로는 토문강을 조선과 청나라의 국경선으로 한다고 기록했다 .

이후, 백두산정계비가 사람들에게 알려지면서 중국 무산(武山)에 살던 김우식(金禹軾)이라는 사람이 단신으로 백두산에 올라 정계비를 답사했다. 그리고 연변의 오삼갑(吳三甲)이라는 사람 역시 정계비를 확인했다.

백두산에서 발원하는 강은 압록강, 두만강, 토문강이다. 토문강은 백두산 천지에서 4킬로미터쯤 내려와서 한 분수령에서 발원, 북류(北流)하여 헤이룽장성으로 들어선다. 정계비 기록대로라면 토문강 이남의 땅 즉, 간도가 한국의 영토라는 것인데….

이 놀라운 사실을 두고 우리는 어떻게 살아왔는가? 1909년 일본이 남만주철도 부설권을 얻는 대가로 간도를 청나라에 넘겨줬을 때, 31년 만주사변 당시 정계비가 사라졌을 때에도 우리는 분연히 일어서지 못했다. 나라 잃은 민족의 쓰라린 슬픔이 아닐 수 없었다.

마음을 정화하는 천지

백두산정계비에 관한 이야기를 서성범씨와 나누는 사이 우리는 어느덧 백두산 정상에 도착했다. 백두에서 시작된 장엄한 산들의 행진은 개마고원과 부전고원, 낭림산, 태백산으로 뻗어 내려 국토의 근골 백두대간을 이룬다. 그리고 천지는 한국의 삼대강(압록, 두만, 토문강)이 발원하는 기원이다. 그러므로 백두는 겨레의 성산이라고 할 수 있다.

이때가 8월 말이라 천지의 초원에는 고산 초화가 군락을 이루고 있었다. 사방에 바위구절초, 핑크색 할미꽃, 노루오줌 등이 흐드러지게 피어 있었다. 나는 꽃밭을 배경으로 천지의 모습을 카메라에 담은 후 주변을 둘러보았다. 백두의 명물인 16개 봉우리와 거대한 암벽이 고요한 천지의 수면 위에 드리워져 있었다. 마치 선경의 한가운데 서있는 것 같았다. 나는 마음속으로 "오! 조물주여. 반도에 성산을 내리신 것에 감사

합니다. 우리 민족은 백두의 정기를 받고 태어난 백의민족입니다. 하나가 되어서 천년 만년 번성하는 나라가 되게 해주십시오"라는 기도를 했다. 그리고 옥빛 맑은 물에 손과 얼굴을 씻었다. 물도 한 모금 마셨는데 성수를 들이키는 기분이었다. 그러자 별것도 아닌 인생살이, 그동안 왜? 그렇게 고민하고 미워하고 이기적으로 살았는지에 대한 회한이 온몸을 감쌌다.

천지에서 한동안 시간을 보낸 나는 남은 생을 이 '하늘 호수'처럼 맑고 투명하게 살아야겠다고 다짐하며 백두산에서 내려왔다.

수줍은 듯 얼굴을 내민 백두산 할미꽃

히말라야 순수를 닮은 은둔의 왕국 부탄
1988년 '부탄 탐사대' 이끌고 팀부 일대 답사

수 세기 동안 외부세계에 굳게 문을 걸어 잠그고 자신들의 전통문화를 지키며 쇄국으로 일관해 온 지구촌 도원경 부탄! 은둔의 왕국이었던 부탄은 티베트의 끝 또는 남쪽에 있는 천국이라는 뜻이었으나, 지금은 '누워 있는 용의 나라'라고 불린다. 국토 면적 45,000제곱킬로미터, 인구 1,300만 명의 작은 이 나라의 수도는 팀부다. 9만 8천 명이 사는 이 도시의 북서쪽에는 초모라리산군이, 북쪽에는 히말라야산맥이 자리한다. 이 두 지역을 통틀어 부탄 히말라야라고 하는데 이곳에는 7,000미터 이상 고봉이 16개가 있다. 1973년에 초모라리(7,340m)가 등정 되었고 미등봉은 남아 있지 않다.

1988년 1월, 필자를 포함한 '부탄 탐사대(오인환, 김태섭, 김학중, 이기웅, 김영재 등 7명)'는 은둔의 왕국을 향해 출발했다. 기착지인 네팔에 도착한 탐사대는 트리슐리강에서 래프팅을 즐기기도 하면서 다즐링을 거쳐 시킴에 도착했다.

시킴 히말라야는 네팔과 부탄 사이에 끼어 있는 소왕국이었는데, 1975년에 인도에 병합되었다. 이곳의 인구는 35만 명, 면적은 7,300제곱킬로미터다. 네팔과 국경을 맞대고 있는 시킴의 서쪽에는 칸첸중가산군이 있다. 이 산군에는 7,000미터급 10여 개 봉우리가 있다. 일찍이 모두 등정되었다. 시킴의 수도는 강토크이다. 그곳으로 향하는

파로강에서 낚시를 하는 필자. 낚시를 던지자마자 고기들이 몰려들었다

길, 밀림지대에서 고목에 서식하는 특이한 식물이 있어 두 종을 채집했다. 하나는 일엽초(一葉草)종이고 다른 하나는 고사리같이 생긴 식물이었다. 그 식물은 아직 우리 집에서 잘 살고 있다.

시킴을 거쳐 인도에 도착한 우리는 부탄 입국비자를 받기 위해서 인도의 캘커타 공항에 대기하던 중 난관에 부딪혔다. 여행사를 통해서 비자신청을 미리 해놓았지만, 비자가 언제 나올지 누구도 예측할 수 없었다. 비자가 나오기를 기다리며 일주일을 기다리는 것은 무료했다.

우여곡절 끝, 부탄으로

부탄이 서방세계를 향해 빗장을 푼 때는 1974년, 소수 관광객을 유치하면서부터다. 88년에는 1년에 2500명의 관광객의 입국을 허가했지만, 89년 2000명으로 그 수를

히말라야의 순수를 닮은 소년이 지붕에 올라 피리를 불고 있다

제한했다. 입국 규정에는 3개월 전에 입국 허가를 신청하게 되어 있다. 그리고 체류비는 하루에 250불이다. 이처럼 부탄은 입국 절차가 세상에서 가장 까다로운 나라다.

2월 6일, 우리는 공항으로 다시 향했다. 여전히 부탄에서는 소식이 없었다. 착잡한 마음으로 연락을 기다리고 있는데 공항 사무실의 전화벨이 울렸다. 부탄 관광성으로부터 고대하던 비자가 나왔다는 소식이었다. 곧바로 우리는 16인승 전세비행기로 인도의 평원을 가로질러 부탄의 파로 비행장에 도착했다.

부탄의 첫 인상은 너무나 강렬했다. 파로성(城)과 가옥, 부탄인의 옷차림 등 모든 것이 신기했다. 특히 현지인들이 신는 목이 긴 가죽신은 모두의 눈길을 끌었다. 사람들의 눈은 맑고 순박해 보였다. 이들을 보니 별천지를 대하듯 신비한 느낌이 들었다. 우리는 미니버스로 두 시간을 달려 팀부에 도착했고, 무티상 호텔에 여장을 풀었다. 그날 저녁 관광성에서는 우리의 방문을 환영하기 위해서 민속춤 공연을 열어주었다. 가면을 쓴 무희들이 음악에 맞추어 춤을 추고 민요를 부르며 우리를 환영했다.

부탄의 수도 팀부에서 만난 아가씨가 탐사대의 요구에 포즈를 취했다

부탄의 거리 풍경. 짐을 둘러맨 부탄 여인의 발걸음이 바쁘다

팀부 인근의 고즈넉한 시골 풍경. 우리네 농촌을 많이 닮았다

전통적인 부탄의 가옥. 사람들은 이층에서 기거했다

한천 삼각주에 자리한 파로쫑의 모습. 섬과 같은 이 건물은 유사시 적을 막기 위해서 강이나 산에 지었다

팀부 중심가에는 호텔과 상점들이 몰려 있었고, 정부가 운영하는 토산품 가게에서는 옛날 동전과 공예품, 토산품, 견직물 등을 팔고 있었다.

사람들이 어디에서 왔느냐고 묻기에 "코리아"라고 답했더니 부탄인들은 '88 서울올림픽'을 잘 알고 있었다. 그들은 한국은 부강한 나라라며 엄지를 치켜세웠다.

부탄은 중국의 태음력을 사용하고 있어서 2월 7일은 부탄의 명절이었다. 마침 명절을 맞아 이 나라의 국기(國技)인 활쏘기 경기가 열렸다. 경기장에는 전국에서 참가한 궁사들이 140미터 떨어진 과녁을 향해 활을 쏘고 있었다. 영락없는 무사들의 모습이었다. 가끔 화살이 과녁에 명중하면 관중의 함성이 경기장을 뒤흔들었다. 그런데 한 궁사가 쏜 화살이 빗나가 관중 속으로 날아가 한 사람의 허리에 꽂혔다. 죽은 줄로만 알고 장내는 일순간 소란해졌지만, 다행히 그는 옷을 두툼하게 입어서 큰 화를 피할 수 있었다.

그날 밤에도 기이한 일이 벌어졌다. 날이 어두워지자 사방에서 많은 사람이 횃불을 들고 거리로 뛰쳐나와 집들을 돌며 귀신몰이를 하고 있었다. 그들은 귀신이 숨어 있을 법한 방안 구석과 부엌, 헛간 등을 돌며 귀신을 몰아내는 퍼포먼스를 하고 있었다. 우리가 묵고 있는 호텔에도 들어와서 횃불을 방구석에 떼었다 붙이기를 반복했다. 그 동작이 여간 민첩하지 않았다. 거리로 나와 보니 골목마다 부정한 물건들을 쌓아놓고 불을 지르고 있었다. 불이 나면 어쩌나 걱정했지만 다음날 화재가 났다는 소식은 없었다.

부탄에서 만난 세상에서 가장 아름다운 꽃

부탄에서는 성과 같은 용도의 건물인 '존'이 일곱 군데 있는데, 이 건물은 유사시 적을 막기 위해서 배수진으로 강을 등지거나 산상에 지었다고 한다.

팀부의 존은 부탄 최대의 건축물로 내부에는 국회의사당과 정부 각 부처가 있었다. 부탄은 군왕국가지만 국회의원도 150명이라고 한다. 부탄의 국교는 불교이고 국민의 75퍼센트가 신자이다. 나머지 15퍼센트는 힌두교를 믿는다. 여승들은 아름다움을 감추고 스스로 금욕생활을 위해 얼굴에 초화의 즙으로 만든 '주차'라는 것을 검게 칠하고 생활한다.

탐사대가 사흘 동안 체류하는 동안 팁부 인근의 철새 도래지에 갔을 때, 우연히 고산식물 중에서 가장 아름답다는 꽃 메코노프시스속(Meconopsis)을 발견했다. 2월인데도 꽃잎이 두 개나 있었다. 어찌나 반가운지 부탄이 주는 귀한 선물을 채집했다. 나는 철새 도래지에서 돌아오자마자 한 곳이라도 더 둘러보자는 생각으로 파로죤에 갔다. 죤의 위치는 한천 삼각주 중심부에 요새같이 자리하고 있었다. 파로강의 다리를 건너 죤으로 가는데 다리 밑을 보니 고등어같이 커다란 물고기들이 강바닥이 보이지 않을 정도로 떼로 몰려있었다. 물 반, 고기 반이었다.

파로죤을 돌아본 후 다시 파로강으로 나갔다. 나는 설악산 백담계곡에서 낚시하던 버릇이 있어 이번에도 낚싯대를 챙겨 왔다. 여울 가에 앉아서 털이 달린 낚시바늘 5개를 묶어 강에 던졌다. 바늘이 물에 떨어지자마자 피라미와 버들치들이 몰려 들었다. 나는 잡은 고기를 강으로 바로 돌려보냈다.

부탄을 떠나는 날 아침, 부탄 산림청장이 찾아왔다. 그는 한국에 가서 새마을 교육을 받았었다고 하면서, 부탄의 가장 큰 고민은 가정에서 나무를 땔감으로 사용하기 때문에 산림이 훼손되는 것이라고 했다. 그는 한국에서는 연탄을 사용하는 것을 보고 부탄에서도 그런 연료가 절실하다고 했다.

그리고 일 년 후, 부탄에서 또 한 사람의 산림청 직원이 새마을 교육을 받으러 한국에 왔을 때 나는 우리나라의 재래식 연탄난로 한 세트를 선물로 보냈다.

아슬아슬한 기암절벽에 자리한 부탄의 가옥

4

아! 티베트 고원
꿈꾸던 땅에 서다

아! 티베트 고원 꿈꾸던 땅에 서다
1990년 티베트 탐사대 조직해 금단의 땅으로

　나는 유년 시절 서당에서 한문을 배웠고, 초등학교 여름방학 때는 명필로 이름난 아버님의 영향으로 자연스럽게 붓글씨를 접했다.

　1980년대 중반 어느 날, 나는 어린 시절 붓글씨를 쓰던 옛 생각이 나서 여초(如初) 김응현선생님이 운영하는 동방서예원에 찾아갔다. 대학 강의로 바쁜 시간을 보내고 있던 나는 이때부터 10년 동안 시간 나는 대로 서예원에 들러 기필법부터 시작해 전서, 예서, 초서까지 여초선생님의 지도를 받았다.

　당시 나랑 동문수학하던 사람 중에는 산악인 박영배(크로니산악회)씨가 있었다. 박씨는 아이거 북벽과 에베레스트 남서벽에 수차례 도전했던 산악인. 1988년 여름 어느 날. "선생님 소식 들으셨어요? 중국이 티베트에 대한 문호를 개방했다고 합니다." 박영배씨는 흥분해 있었다. 그 이야기를 전해들은 나 역시 시간이 멈춘 듯 아무 말을 하지 못했다. 잠시 후 "아! 티베트…"라는 감탄조의 말만 겨우 할 수 있었다.

　티베트가 어떤 나라인가? 천장(天葬)의 나라! 당나라를 위협했던 토번국 시대부터 수 천 년을 이어 내려온 중세기적인 문화가 남아 있는 나라, 히말라야산맥이 융기해 바다가 솟구쳐 고원이 된 나라, 지형적 특징으로 서구 물질문명으로부터 차단됐던 나

퉁라패스를 넘자 모든 풍광이 티베트풍으로 바뀌었다

툴라패스 정상 뒤로 히말라야산맥이 펼쳐진다. 필자는 중국이 티베트를 강제 병합한 후 한국인으로서는 처음으로
티베트에 들어갔다

티베트의 중심부로 들어가는 분수령인 툴라패스 정상에 선 필자

라. 더군다나 티베트는 스벤 헤딘 박사가 최초 탐험한 미지의 땅이 아니던가! 티베트 소식에 흥분한 나의 마음은 이미 이름만으로도 신비한 샹그릴라와 같은 티베트를 향해 있었다.

6명(박영배, 석채언, 김학중, 조경행, 이동규, 필자)의 대원으로 탐사대를 조직한 나는 1990년 6월 17일 흥분된 마음으로 서울을 출발, 네팔 카트만두에 도착했다.

18일, 네팔 주재 중국대사관에서 입국 비자를 받은 우리는 19일 카트만두를 떠나 국경 마을인 코다리로 향했다. 112킬로미터를 달려 코다리에 도착한 탐사대는 간단한 출국 절차를 마친 후, 쿵쾅거리는 가슴을 안고 순코시강의 다리를 건넜다. 그동안 간절히 원했던 티베트 땅에 첫발을 내디딘 것이었다. 1971년 로체 샤르(8,382m)를 등반할 당시 새들이 국경 하늘을 넘어가는 것을 보고, 언젠가는 나도 저 새들처럼 꼭 가보리라 다짐했던 금단의 땅에 내가 선 것이었다. 당시 감격은 말로 표현할 방법이 없었다.

금단의 땅에 첫 발 들이다

꿈이 이루어진 것이었다. 그러자 불현듯 이 땅을 찾았던 선각자들이 떠올랐다. 1898년 여름, 일본의 가와구치 에가이는 히말라야산맥을 넘어서 티베트로 들어갔다. 그는 불경을 구하러가는 라마승으로 변장해 티베트의 심장 라싸로 잠입, 일 년 동안 생활하다가 발각되어 추방당했었다.

또한 스웨덴의 세계적인 탐험가 헤딘 박사는 1902년부터 1907년까지 중앙아시아 일대와 누란, 노푸노루와 고고노루 호수, 그리고 티베트를 세 차례나 탐험했었다.

1937년에는 일본의 하세가와 텐지로가 티베트에 입경했었다. 이 뿐만 아니라 2차 세계대전 당시 러시아의 푸르첼스키와 일본의 기무라와 니시가, 그리고 오스트리아의 하인리히 하러(Heinrich Harrer), 54년 스위스의 웨스갓 등이 모두 티베트 탐험사에 족적을 남긴 이들이었다. 한국인으로서는 우리가 처음이었다.

탐사대는 신세계로 들어간다는 감격을 안고 장무(樟木)까지 2킬로미터 산길을 힘차

황량한 길 끝에는 금단의 땅 티베트가 있다

게 올랐다. 해발 2,000미터인 이곳은 티베트의 관문도시였다. 산허리를 개간하여 만든 도시는 썰렁했다. 장무 세관으로 가니 시안(西安)의 여행사에서 온 장장즌 안내원이 우리를 기다리고 있었다.

세관에서 입국 수속 중 세관원이 나의 여권을 보더니, "한국에서 오셨군요. 한국인의 티베트 입국은 처음입니다. 축하합니다"라고 인사를 건넸다.

수속을 마친 우리는 안내원을 따라서 산비탈을 올랐다. 그곳에는 승합차와 변방에서 근무하는 중국군인 내외가 대기하고 있었다. 그는 휴가를 얻어 고향으로 가기 위해 라싸로 가는데, 우리와 여정을 함께 하기로 했다. 이렇게 동행을 한 우리는 장무를 출발했다. 취샹에서 일박한 탐사대는 6월 20일 니라무(3,750m)에 이르렀다. 니라무는 변경지역에 있는 현청 소재지로 인구가 약 6,000명인 우정공로의 교통 요충지였다. 히말라야 14개 고봉 중 하나인 시샤팡마(8,027m)로 가는 원정대는 반드시 이곳을 거쳐야만 했다.

네팔에서 티베트로 넘어간 후 처음 만난 티베트 사람들

네팔 시가지의 모습

취샹을 기준으로 모든 풍광은 티베트 풍으로 바뀌었다. 평평한 가옥의 지붕, 옥상에 펄럭이는 타르쵸, 마니차를 돌리는 노인들, 빵텐(앞치마)을 두른 여인들…. 이국적인 풍경에 나는 가슴이 설레었다.

니라무를 뒤로한 탐사대는 산길을 돌고 돌아 오전 11시가 조금 지나 퉁라의 정상에 도착했다. 해발고도가 5,050미터인 이곳은 티베트 중심부로 진입하는 분수령과 같은 고개였다. 젊은 시절 헤딘 박사의 탐험기를 읽으면서 꿈꾸어오던 티베트고원에 선 나는 꿈을 꾸고 있는 듯 했다.

티 없이 맑은 하늘은 순수 그 자체였다. 태양의 강한 빛은 티베트를 향한 나의 열정을 상징하고도 남았다. 나는 멀리 운무에 잠긴 히말라야 연봉들을 바라보며, 벅찬 호흡을 고르며 티베트의 장관에 감복하고 서 있었다.

네팔과 중국을 연결하는 우정공로. 히말라야산맥이 웅준하게 솟아있다

타쉬룬포 조장터에서 만난 티벳탄의 환도 인생
금단의 땅 들어선 탐사대, 시가체 거쳐 티베트 심장 라싸로

1990년 6월 19일, 우리는 라싸로 들어가는 관문, 통라패스(5,250m) 정상에 섰다. 이곳에는 전신주 같은 큰 나무기둥 세 개가 있었는데, 그 기둥 사이에 줄을 매어 걸어 놓은 타르쵸의 수가 수만 개는 될 것 같았다. 장관이 아닐 수 없었다.

타르쵸는 티베트인들에게 신앙의 증표이며, 티베트를 대표하는 상징물이다. 전설에 의하면 타르쵸는 부처님이 득도하실 때 몸에서 오색의 광채가 빛났다고 하여 유래된 것으로, 색깔은 흰색, 남색, 황색, 홍색, 녹색 등 다섯 가지. 이를 오색경변(五色經幡)이라고 하며 신성시하고 있다. 그렇다면 이 적막한 고원에 타르쵸를 달아둔 이유는 무엇일까?

티베트는 광활한 대륙 고원으로 평균 해발고도는 4,000미터다. 티베트에 여름이 오면 유목민들은 야크와 양을 몰고 목초지를 찾아 나선다. 창탕고원의 면적은 50만 제곱킬로미터이고 평균 해발고도는 4,500미터다. 기후변화가 많은 고원에는 검은 구름이 순식간에 몰려와 비를 뿌리기도 하고, 콩알만한 우박이 떨어질 때도 있다. 그러나 푸른 하늘이 보이는 순간 거짓말처럼 비와 바람은 멈춘다. 이런 창탕고원에 겨울이 오면 기온은 영하 40도 가까이 떨어진다. 이 시기에는 야크와 양이 먹을 것이 없어서 서로의 몸에 기생하는 벌레를 핥아 먹기도 한다.

장엄한 티베트 고원의 광활한 풍경 사이로 양떼들이 목초지를 따라 이동을 시작했다

티베트의 흥망성쇠를 함께한 타쉬룬포 사원의 벽화

　이처럼 가혹한 환경 속에서 티베트인들은 자연에 대한 존경과 두려움을 갖게 되었다. 그들은 인간 능력 한계를 자각하고 부처님에게 의지하기 위해, 불심을 담은 타르쵸, 불탑, 마니차 등의 성물을 만들게 되었다. 타르쵸에는 불경과 해탈의 염원이 적혀 있다. 티베트인들은 현세에서 내세까지 자신의 모든 복을 타르쵸에 달아서 빌었다. 이런 믿음의 바탕은 현세에서 덕을 쌓으면 다음 세상에서 사람으로 태어난다는 환도 인생을 믿기 때문. 높은 산정에 타르쵸를 걸어 놓은 이유는 자신의 소원이 하늘에 빨리 전달된다는 믿음 때문이었다.

　티베트인 안내원과 버스 기사는 끊어진 타르쵸 줄을 나무기둥에 매어준 후, 자신들이 준비한 타르쵸를 새로 달면서 소망을 빌었다. 나는 고개 정상에서 펄럭이며 티베인들의 염원을 상징하는 타르쵸와 작별을 한 후, 영로를 내려 해발 4,600미터 지대에 이르러 꽃밭을 만났다.

　나는 놀라지 않을 수 없었다. 붉은색과 노란색으로 현란하게 치장하고 넓은 분지를

티베트 고원에서 발원한 강은 인도와 인도차이나 반도로 흐른다

물들인 고산 초화는 현란한 티베트 고원의 봄을 대변하고 있었다. 많은 꽃들 중 8할은 붉은색 꽃이었다. 대 화원으로 불러도 손색이 없는 비경이 펼쳐지고 있었다.

통라패스 내려서자 봄이 활짝

넋을 놓고 꽃을 감상하는 사이, 어디선가 유목민 소녀가 양 70~80마리를 몰고 가다가 붉은 꽃잎 하나를 뜯어 입에 물더니 "삐! 삐!" 소리를 내며 피리를 불었다. 처음 듣는 티베트 목동의 꽃 피리 소리! 나는 마치 선경에 서 있는 것 같은 기분을 느꼈다.

소녀에게 꽃 이름을 묻자, 그 소녀는 "파파화(巴巴花)라고 했다. 나는 후에 라싸 대학에서 이 꽃의 이름을 알게 되었다.

처음 접하는 티베트 고원에 아름답게 피어 있는 꽃을 보자 소년 시절 동백산(東白山, 2,096m) 마타리 꽃밭에서 뛰놀던 생각이 났다. 전공 분야는 아니지만 티베트 꽃은 나를 충분히 매료시켰다. 이때부터 나는 티베트의 자연과 꽃을 연구하리라 마음먹

라싸에서 만난 티베트 소녀. 수줍은 표정으로 입에 파파화꽃을 물고 있다

타쉬룬포 사원에서 바라본 시가체

었다. 우리는 천상화원 같은 분지를 떠나 오후 2시쯤 팅그리에 도착했다. 이곳은 초오유(8,021m)와 초모랑마(8,848m) 등반팀이 반드시 거쳐야하는 곳이었다. 잠시 휴식을 취한 탐사대는 다음 목적지인 시가체로 향했다. 오후 4시가 조금 지나 자촐라패스(5,200m) 정상 얼마 못 미친 5,100미터의 무인지대에 이르자 갑자기 시동이 꺼졌다. 기사는 연료가 떨어졌다고 했다.

참으로 황당하고 어처구니가 없는 일이 아닐 수 없었다. 이 높은 고지대에서 연료가 떨어질 때까지 기사는 도대체 무엇을 했단 말인가! 이해가 되지 않았다. 나는 할 말을 잃었다. 그러나 어찌하랴! 지나가는 차량이 오기만을 기다리는 수밖에 없었다.

민간 차량의 출입이 거의 없는 곳에서 우리의 희망은 군용차량이 빨리 지나가기를 기다리는 것뿐. 목이 빠져라 기다리길 두 시간. 멀리 차 한 대가 나타났다. 우리와 함께 동행 한 양 중위가 차를 세우고 알아보니 이 차도 나누어 줄 기름의 여유가 없다고 했다.

오후 5시 50분, 다른 군용트럭 한 대가 다시 나타났다. 양 중위는 권총을 들고 위협

티베트 불탑

타쉬룬포 사원 앞에 꽃들이 만발했다

적인 태도로 차를 세웠다. 다행히도 이 차는 여유분의 휘발유가 있었다. 우리는 기름
을 보충한 후 늦은 밤 시가체에 겨우 도착할 수 있었다.

600년의 역사를 지니고 있는 고풍스러운 시가체는 인구가 2만 명이며 티베트 제2
의 도시다. 이곳에는 티베트 6대 사원 중 하나인 타쉬룬포 사원이 자리하고 있었다.

6월 21일, 이 사원을 찾아 높이가 11미터인 역대 판첸라마의 영탑들과 마주한 우리
는 놀라움을 금치 못했다. 안내원의 이야기로는 찬란한 보석으로 장식된 이 탑을 만
들기 위해 금이 2,700냥, 은이 3만 3천 냥, 동이 40톤 가까이 들었다고 했다.

탑을 감상한 우리는 조장터로 향했다. 실내는 무서우리만큼 음침했다. 게다가 그동
안 한 번도 맡아보지 못한 퀴퀴한 냄새까지 풍겼다. 구석에는 시신을 처리하는 장대
세 개가 있었는데, 그 옆에는 오십대로 보이는 한 남자가 서 있었다. 그는 눈이 크고
광대뼈가 튀어나온데다가 산발을 하고 있었다. 그리고 그의 검은 의복에는 시신을 처
리하다가 묻은 것 같은 피가 여기저기 묻어있었다.

그의 눈빛은 마치 저승사자와 같이 섬뜩했다. 시신을 처리하는 장대의 길이는 3미터 정도로 보였다. 장대 위쪽에는 피묻은 밧줄이 감겨있었는데, 용도는 시신을 고정하기 위함이었다. 무엇보다 우리를 전율하게 한 것은 시신을 자르는 도구였다. 두개골과 등뼈, 다리뼈 등을 자를 때 사용하는 칼날이 넓은 중국식 칼과 망치는 공포의 대상이었다.

이런 도구로 해체한 시체는 잠바(보릿가루)에 버무려 완자로 만든 후, 독수리와 까마귀들에게 던져진다. 티베트인들은 독수리가 사람의 영혼을 하늘로 오르게 한다고 믿었다. 또한 자신의 뼈를 먹은 개는 죽어서 사람으로 환생한다는 믿음도 있었다. 티베트인들이 보신탕을 금기하는 것도 다 이런 이유였다.

티베트인들은 사람이 죽으면 대부분 천장(天葬)을 한다. 천장이란 조장(鳥葬), 견장(犬葬), 풍장(風葬)을 말한다. 티베트를 통틀어 조장터가 없는 마을은 없다. 라마교의 고승이 죽었을 때만 화장을 할 수 있지만, 일반인을 화장하면 그 연기가 하늘로 올라가 우박이 되어 떨어져 농작물에 피해를 준다고 하여 금기하고 있다. 부득이 화장할 경우 점을 쳐서 날을 잡는다.

조장터를 둘러본 우리는 이날 오후, 19세기 초 영국군의 티베트 침공 역사가 남아있는 장즈로 행했다.

티베트의 심장, 라싸 그리고 포탈라궁
탐험대, 서부 티베트 가로질러 성스러운 신의 도시에 입성

1990년 6월, 탐험대가 도착한 장즈(江孜, 3,800m)는 고풍스러운 도시였다. 마차들이 다니는 폭이 넓은 거리 양쪽으로 늘어선 가옥들은 청나라풍으로 운치가 있었다. 안내원에 의하면 장즈는 예전부터 수공업이 발달해 질 좋은 카펫이 생산되는 곳이라고 한다. 우리는 유적지를 돌아본 후 바이쥐즈(白居寺)로 향했다.

1947년 건립된 이 사원은 티베트에서 유일하게 불탑이 있는 사원이다. 사원에서 가장 높은 9층 탑의 높이는 32.5미터이다. 탑 내부에는 불당을 형상화한 공간이 108개 있으며, 작은 불상이 무려 10만 점에 이른다. '10만 불탑'으로 불리는 이유다.

탐험대는 바이쥐즈를 돌아본 후, 티베트의 심장 라싸(拉薩)로 향했다. 장즈에서 라싸까지는 314킬로미터. 차창 밖으로 펼쳐진 드넓은 고원에는 검은색의 유목민 천막들이 여기저기 흩어져 있었고, 천막 지붕에는 '염원의 깃발' 타르쵸가 휘날리고 있었다. 들에는 양과 야크들이 풀을 뜯고 있었으며, 야생동물들이 뛰노는 한가로운 풍경이었다.

티베트 고원에는 나무가 없다. 목재 대신 흙벽돌을 쌓아 만든, 우뚝 선 벽돌 전주의 모습이 이채로웠다.

우리는 얼마를 달려 커다란 호수에 당도했다. 안내원에게 이름을 묻자 암드록초

티베트 지난한 역사가 녹아있는 포탈라궁에 대형 탱화가 걸렸다

(4,441m)라고 했다. 이 호수의 면적은 648제곱킬로미터이며, 수심이 제일 깊은 곳은 40미터에 이른다. 수정처럼 맑은 물! 전설에 의하면 성인(成人)이, 이 호수의 물을 마시면 장수하고 어린아이가 마시면 총명해진다고 한다. 티베트 3대 성호(聖湖)인 이곳에 많은 티베트인이 몰리는 이유다. 안내원의 설명에 의하면 이 호수는 태초에 티베트고원의 지각이 상승하는 과정에서 함몰되어 형성된 담수호라고 한다. 호반에는 반두를 이용, 고기잡이를 하는 유목민들이 간혹 눈에 띄었다. 평화로운 모습이었다.

　한동안 호반을 달린 차가 다시 산길로 들어섰다. 얼마 동안 급경사를 올라 캉파라 (4,700m) 고개 정상에 도착했다. 이 패스는 성지 라싸로 가는 순례자들이 소망을 품고 넘는 고개다. 지금은 르커체에서 라싸까지 아스팔트가 깔렸지만, 옛날에는 이곳 캉파라 패스가 라싸로 가는 유일한 길이었다. 티베트인들의 성지순례 애환이 서린 곳이다.

순례자의 애환 서린 캉파라 패스

강한 바람이 부는 정상에는 작은 돌멩이가 이리저리 굴러다녔다. 이곳에는 돌을 쌓아 만든 돌탑이 두 곳 있는데, 그 돌무더기에는 무수히 많은 타르쵸가 걸려있었다. 그리고 길게 누워있는 듯한 암드록초의 빛나는 코발트 빛 물빛은 말로 형언할 수 없이 아름다운 풍광이었다.

오늘 이곳을 지나는 행객의 마음이 이럴 진데 성지로 향하는 순례자의 마음은 어떠하였으랴! 안내원과 버스 기사가 가슴에 품고 있던 타르쵸를 꺼내 정성스럽게 돌탑에 걸었다.

나는 고개 정상에서 혹시나 하는 생각으로 꽃을 찾아다니다가 바위 밑에서 안드레시스(Androsace) 한 포기를 발견했다. 지면에 붙어있는 안드레시스에는 100여개의 꽃이 피어있었다. 숨어 있는 보석을 발견한 듯 꽃을 발견한 나는 가까운 미래에 티베트 꽃을 연구하리라고 굳은 다짐을 했다. 긴 여정을 마친 탐사대는 저녁 무렵 라싸에 도착, 홀리데이인 호텔에 여장을 풀었다. 다음날 아침, 거리로 나와 보니 이색적인 풍경이 펼쳐졌다. 넓은 사거리에 모인 많은 티베트인들이 마니차를 빙빙 돌리면서 어디론지 바쁘게 가고 있었던 것. 나는 한 노인에게 어디로 가느냐고 묻자, 그는 "포탈라"라고 했다.

포탈라궁! 지구에서 해발이 제일 높은 곳에 있는 궁전. 티베트인들이 평생 한번은 꼭 순례하는 곳. 나도 포탈라로 가기 위해 이들을 따라 이른 아침, 호텔을 나섰다. 라싸는 토번왕조의 고도였다. 중세적인 특징을 가득 담고 있는 이유이기도 했다.

예전에는 금단의 땅인 이곳에 발을 들이기가 어려웠다. 몰래 잠입한 탐험가들은 죽임을 당하거나 체포되어 발목에 쇠고랑을 차고 추방되었다. 또 많

미라산구에서 아름답게 핀 야생화를 발견했다

티베트인들이 주인 잃은 포탈라궁으로 순례에 나섰다
포탈라는 티베트인들이 평생 한 번은 꼭 순례해야 하는 성지다

은 탐험가가 히말라야산맥을 넘다가 굶어 죽거나 동사했다. 금단의 땅에 첫발을 들인 사람은 스웨덴의 헤딘 박사였다. 그는 1896년부터 1907년까지 수차례 티베트를 탐험했다. 한편, 일본의 가와구치 에가이는 1900년부터 구도 목적으로 두 차례 이곳을 다녀갔다. 이외에도 일본의 하세가와 덴지로, 기무라, 그리고 러시아의 니콜라이, 오스트리아의 하인리히 하러 등 소수 탐험가와 등반가들만이 이 금단의 땅에 발을 들였다.

가름할 수 없는 역사의 무게감

라싸는 시장자치구의 수도이며, 정치 문화의 중심지, 그리고 티베트 불교의 성지다. 90년 당시 라싸 인구는 25만 명이었다. 2007년 7월 1일, 북경과 라싸 간 철도가 개통되어 '칭짱 1호' 기차가 해발 5,072미터의 탕구라패스를 넘어 포창거역에 도착했을 때 라싸는 거대한 물질과 자본의 위협을 목전에 두고 있었다.

많은 이들의 예상대로 현재 라싸에는 하루에 수천 명의 관광객이 밀려들어오고 있

호수에 비친 백궁. 백궁은 달라이라마가 정치와 종교 활동을 하던 곳이다

바이쥐즈의 법당 안
한 티베트인이 야크 버터 램프에 불을
밝히고 있다

장즈의 바이쥐즈에는 티베트에서 유일한 불탑들이 있다

637년 송첸감포는 라싸의 홍산(紅山) 언덕 위에 포탈라궁을 지었다

라싸에서 만난 고승들. 이들은 수양을 통해 평생 마음을 닦은 이들이다

으며, 이로 인한 호텔 신축 등 대규모 편의시설이 속속 들어서고 있다. 또 관광객들은 줄을 서서 포탈라궁에 입장하고 빠조제 상가는 인산인해를 이루며 호황을 맞고 있다. 이런 라싸의 현재 인구는 100만 명이 넘는다.

라싸 시내 홍산 언덕에는 성스러운 포탈라궁이 자리하고 있다. 궁을 중심으로 조캉사원(大昭寺), 세라사원(色拉寺) 트레퐁사원 등 대사찰이 있다. 포탈라궁은 지금으로부터 1,300년 전 군왕들이 할거하던 시대를 통일한 송첸감포에 의해서 건립되었다. 왕이 된 그는 당시 대국인 당(唐)나라 태종의 수양딸인 문성공주(文成公主)를 왕비로 맞으며 바위 동굴에 궁전을 건설한 후 기거하게 하였는데, 이것이 포칼라궁의 시작이다. 그러나 왕이 건설한 궁은 그대로 남아있을 수 없었다. 벼락이 떨어져 화재가 났기 때문. 이후 토번 왕조는 분열하고 내전을 벌이던 중, 궁은 파괴되었다.

복구와 증축이 시작된 것은 17세기 중엽, 5대 달라이라마의 명에 의해서. 이후 포탈라궁은 중국 정부에 의해서 증축공사가 한 차례 더 이루어졌다. 그리고 1994년 8월

15일, 1,300년에 걸친 대공사가 마무리되었다.

이처럼 포탈라궁은 지난한 장족 건축 예술과 역사의 소산이라 할 수 있다. 또 라싸의 상징이 되었으며, 만리장성과 비견되는 세계적인 문화유산으로 남았다.

궁전은 시내 서쪽 해발 3,756.5미터 홍산 꼭대기에 자리하고 있다. 궁전의 높이는 118미터, 동서 길이는 360미터에 이른다. 외부에서 보면 13층으로 보이지만 실제는 9,층이고 돌과 흙 등의 자연 자재를 이용해 건축했다. 궁전의 외벽 두께는 가장 두꺼운 곳이 5미터에 이른다.

포탈라궁은 홍궁과 백궁으로 구분되는데 홍궁은 건물 중간에 위치하고 백궁은 홍궁 양옆 쪽에 홍궁을 호위하듯 서있다. 홍궁에는 역대 달라이라마의 시신이 보존된 영탑이 있다. 백궁은 달라이라마가 정치와 종교 활동을 하던 곳이다.

90년 6월 23일 아침, 나는 많은 순례자를 따라서 포탈라궁의 서쪽 출입문을 통해 궁전에 들어섰다. 그러자 가름할 수 없는 지난한 역사의 무게감이 가슴으로 전해오는 듯했다.

포탈라궁에서 만난 찬란한 티베트의 역사
문성공주의 불심이 만들어낸 신의 궁전, 포탈라

1990년 6월 23일, 라싸의 포탈라궁에 들어섰다. 2층으로 올라가기 위해 나무 손잡이를 잡은 나는 찐득찐득한 감촉에 놀랐다. 그동안 수많은 사람이 잡고 오른 까닭이었다. 포탈라궁전에는 방이 천 개가 있으며, 문화재와 불상이 가득하다. 안내원을 따라 백궁(白宮)의 최대 궁전인 즈무췐사로 향했다. 이곳은 달라이라마가 정치와 종교 활동을 하던 곳.

실내로 들어서니 마치 동화에서나 나올법한 미궁 같은 풍광이 펼쳐졌다. 궁전 내부 크기는 우리나라 국회 대강당 정도였다. 오른쪽 측면으로는 높이 15미터쯤 되어 보이는 석조 기둥이 두 줄로 도열하듯 서 있었다. 족히 1,500명을 수용하고도 남을 웅장한 규모였다. 각각의 석주에는 타르쵸가 기둥 위에서부터 밑까지 걸려있었다.

넓은 천정에는 우주의 질서를 표현한 그림이 그려져 있었는데, 그 우주를 향해 용(龍)들이 구름을 타고 비상하는 모습이 인상적이었다.

궁전 안에는 달라이라마의 옥좌도 있었다. 그 옥좌는 주황색 비단으로 장식되어 있었는데 참으로 아름다운 모습이었다. 그러나 주인 잃은 텅 빈 궁전은 지나가는 객들이 인생의 무상함을 느끼기에 충분했다. 나는 기념사진을 찍으려 했더니 관리자가 성

조캉사원의 초르텐에서 향불이 피어오르고 있다

티베트의 심장 포탈라궁 앞에 선 박철암. 궁은 마치 티베트의 지난한 역사를 대변하는 듯하다

스러운 유산이라고 하며 촬영을 금지했다.

나는 궁 안에 있는 문성공주 기념관으로 향했다. 비록 조각된 모습이지만 공주의 모습은 아름다웠고, 기념관을 장식한 보석들은 눈부셨다.

문성공주는 당(唐)나라 태종의 수양딸이다. 당시 토번을 통일한 송첸감포(松贊干布) 왕은 당과의 우호를 위해 대신 두 명을 장안으로 보내 태종을 배견하고, 두 나라가 혼인을 맺자고 청했다. 이에 당 태종은 6년 후 송첸감포의 청혼을 허락했다. 문성공주는 한족과 장족의 우호 사자가 되어 641년, 시녀와 근위병의 호위를 받으며 장안을 출발했다.

그녀는 라싸로 향하는 긴 여정 동안 곳곳에 성(城)을 구축하고 다리를 놓고 도로를 보수했으며, 농사 짓는 법을 전파했다. 문성공주의 긴 여정은 643년 라싸에 도착하면서 대단원의 막을 내렸다.

문성공주의 불교 전파

티베트의 중심에 도착한 그녀를 위해 송첸감포는 성대한 잔치를 열었다. 당시 문성공주가 도착한 라싸는 늪지대와 모래밭이 많은 황량한 곳이었다. 늪지대 중앙에 호수가 하나 있었는데 이를 위탕이라고 불렀다. 당시 궁실은 바위동굴이었다.

이 무렵, 네팔의 부리구티 공주 역시 화번공주로 송첸감포에게 시집온 후 또 다른 바위동굴에 궁실을 만들어 기거했다.

라싸의 발전은 문성공주가 도착한 후부터 급속도로 이루어졌다. <서장(西藏) 왕룡기>에 의하면 문성공주는 불교를 신봉하였다. 그녀는 당나라에서 가지고 온 불상을 보관할 장소가 없자 모래밭 버드나무 숲에 휘장을 치고 그 속에 불상을 모셨다고 전해진다. 당시 라싸가 얼마나 황량했는지를 잘 설명하는 일화다. 또 전하는 말에 의하면 문성공주는 천문지리학에도 능했다고 한다. 그녀는 라싸의 지세를 파악한 후, 위탕은 용의 심장에 해당하는 명당으로 그곳에 흙을 메워 사원을 건축한 다음 장안에서 가지고 온 불상을 모시는 것이 좋다고 주장했다. 송첸감포도 문성공주의 뜻에 찬동하였다.

지난했던 포탈라궁 건축사

이 소식을 들은 부리구티 공주 역시 자신도 절을 지어서 불상을 모시겠다고 나섰다. 그러나 네팔 공주가 착공한 절은 밤이 되면 매번 무너져 내렸다. 기이한 일에 고민하던 그녀는 문성공주에게 도움을 청했다.

문성공주는 천상을 관찰한 후 새로운 터를 골라주었는데, 그곳은 바로 쓸모없는 늪지대였다. 문성공주는 늪을 흙으로 메우고 사원을 세우면 송첸감포왕이 대국을 건설하는 데 큰 도움이 된다고 하였다.

이리하여 646년, 흙으로 호수를 메워 사원을 건설하는 라싸 역사상 최대 규모 토목공사가 시작되었다. 위탕의 사원 건축 공사는 2년 동안 계속되었고, 마침내 서기 648년 웅장한 따조스(大昭寺, 조캉사원)와 소조스(小昭寺)가 완공되었다. 이후 이곳에는

많은 상점과 호텔이 들어선 빠조제 거리. 여기를 지나면 조캉사원이다

1300년 동안 향불이 꺼지지 않고 있다.

송첸감포왕과 문성공주는 사원 준공을 기념하기 위해 사원 앞에 나무 한 그루를 심었다고 전해진다. 네팔 공주가 가지고 온 불상은 소조스에 모셨다. 7세기 말부터 조캉사원 인근에는 여관과 상점들이 들어서기 시작했다.

독실한 불교 신자였던 문성공주에게 감화된 송첸감포왕은 이후 티베트 각지에 400여 개의 사찰을 세웠다. 그리고 한 집에 한 사람은 반드시 출가시켜 승려를 배출해야 한다는 칙명을 공표했다.

사원 건립 후, 송첸감포왕은 당나라의 건축사와 공예사를 라싸로 불러들여 쌀과 보리를 심는 기술을 전파하도록 했다. 또 방앗간을 만들어 보리를 빻아 분말로 만들어 식사하는 법과 방직, 자수, 음악 등을 지도하게 했다. 이런 과정을 통해 라싸의 문화는 비약적으로 발전했다. 이처럼 문성공주는 장족과 한족의 우의를 다진 상징적인 인물로 티베트 경제와 문화 발전에 큰 공적을 남겼다.

티베트 불교의 총본산 조캉사원에서 법회가 열리고 있다

포탈라궁 앞에서 오체투지에 여념이 없는 티베트인들의 모습

나는 백궁을 돌아본 후, 복도를 통해 너른 광장 앞에 이르렀다. 이곳은 달라아라마가 오락을 관장했던 평대(平坮)였다. 이곳을 잠시 둘러본 나는 달라이라마가 이용했다는 계단을 통해 궁의 가장 높은 곳에 올랐다. 건물은 남향으로 창은 모두 유리로 되어 있었다. 오전부터 저녁까지 햇빛이 들어 '일광전'으로 불리기도 한다. 이곳에 있는 달라이라마의 침실은 휘황하고 찬란하게 빛나는 보석과 금으로 치장되어 있었다.

백궁에서 빠져 나와 발코니에 서니 멀리 라싸의 풍경이 한눈에 들어왔다. 홍궁으로 향했다. 홍궁에는 5대 달라이라마를 시작으로 역대 달라이라마의 시신들이 미라로 만들어져 영탑 속에 보존되어 있었다. 이곳에 있는 영탑은 모두 8개. 영탑의 모양은 같지만 규모는 모두 틀렸다. 그 중 가장 높은 것이 5대와 13대 달라이라마의 영탑으로 높이가 무려 14.85미터에 달했다. 이 탑의 탑신에는 은을 입혔으며, 탑 전체를 금빛으로 치장하기 위해 황금 18만 냥이 들어갔다고 한다. 다른 영탑들도 값진 보석으로 장식되어 있었는데 그 가치가 황금의 10배 이상 된다고 하니 놀라지 않을 수가 없었다.

영탑을 둘러본 나는 진주탑으로 향했다. 진주탑은 탑 전체가 20만 개의 진주와 보석으로 장식된 탑으로 세계에서도 그 유래를 찾아볼 수 없는 보석탑이었다.

이렇듯 거대한 궁전을 둘러본 내 느낌은 신비한 세상을 접한 기분이었다. 동문으로 나와 시계를 보니 오후 2시였다.

나는 긴 시간을 미로에서 헤매다가 세상으로 나온 듯, 티베트의 찬란한 역사의 자취에 취해있었다. 그러나 내가 본 것은 궁의 일부분. 포탈라궁을 열 번 보았다 한들 어디 다 보았다고 장담할 수 있겠는가?

티베트인들, 삶의 우선 가치는 종교
윤회 사슬을 믿고 선을 행하며 사는 이들과의 만남

1990년 6월 말, 송첸감포(松贊干布)왕과 문성공주가 조캉사원 준공 기념으로 심어 놓은 나무를 살펴본 나는 빠조제로 향했다. 조캉사원을 둘러싸고 있는 거리를 총칭하는 빠조제의 입구는 좁은 골목이었다. 노점상들이 몰려있는 거리, 인산인해를 이루고 있었고 민속 상품을 판매하는 상가 뒤로는 티베트 전통 건물이 줄지어 서 있었다.

빠조제의 둘레는 1,800미터이다. 순례자들은 빠조제를 한 바퀴 도는 것이 조캉사원에 있는 석가모니 상을 한 번 알현하는 의미가 있다고 믿는다. 이를 방증하듯 순례자들은 조캉사원을 둘러싸고 있는 이 거리를 시계 방향으로 돌고 있었다. 이곳은 티베트 각지에서 출발한 순례자들의 종착역이기도 했다. 그래선지 순례를 마친 이들의 얼굴에서는 행복한 기운이 넘쳐흘렀다.

빠조제를 메운 인파 대부분이 장족이었으며 캄파족과 한족도 간혹 눈에 띄었다. 대부분 티베트인은 정통 의상인 장포(贜包)를 걸치고 있었으며, 목이 긴 가죽 장화를 신었다. 그리고 허리에는 너나 할 것 없이 칼을 차고 있었다.

거리에는 마니차를 돌리며 가는 사람, 라마승과 유목민, 순례를 마치고 경쾌하게 걷는 사람 등 각양각색의 티베트인들로 넘쳐났다. 이 거리의 풍경을 보고 있자니, 중세

티베트 불교의 총본산인 조캉사원 앞 광장에는 전국 각지에서 온 순례자들의 오체투지가 끊이지 않는다

라싸로 들어서는 관문인 미라산구

토번시대를 보는 듯 했다.

나는 안내원에게 여인들이 왜 머리를 108가닥으로 땋았는지를 물었다. 108번뇌를 씻기 위해서라는 설명을 듣자, 인생 오욕칠정도 성인(聖人)이 아니고서는 벗어나기 어려운데 어떻게 108번뇌를 씻을 수 있느냐는 생각에 빠져들었다.

거리를 지나던 나는 상점에 진열된 조개 화석을 발견했다. 문득 네팔 좀솜 지역의 카리칸다기 강변에서 출토된 화석이 떠올랐다. 상점에 들어서 주인에게 출처를 묻자 서부 티베트의 팅그리 지역에서 발견한 것이라고 했다. 가격은 크기와 형태에 따라서 20불~50불 정도였다.

내가 관심을 보이자 상점 주인은 따로 보관하고 있던 화석을 보여주었다. 놀라지 않을 수가 없었다. 그가 보여준 것은 고생대 심해에 살던 암모나이트 화석이었는데 길이는 약 15센티미터 정도였다. 이 화석은 아주 오래전 티베트가 바다였다는 증거였다. 티베트는 약 5,000만 년 전인 신생대 제3기 때, 터티스라는 바다였다. 그러다가 약

라싸강에 가죽으로 만든 배를 띄운 티베트인들

4,000만 년 전부터 인도대륙에서 일어난 지각변동으로 지괴가 북상하면서 히말라야 산맥과 티베트고원, 칭하이성 그리고 파미르고원이 융기한 것이었다. 이후 티베트 고원은 약 1,700만 년 전, 홍적기 시대의 빙하기에 접어들면서 고원 전체가 빙설로 덮이게 되었다. 과학자들은 이러한 티베트 지질을 연구하기 위해 수차례 지질 조사를 통해 티베트가 바다였었다는 가설을 입증하였다. 그 대표적인 예가 1976년, 티베트 창두 지구의 누장에서 발견된 공룡 척추와 이빨 화석이었다. 이 화석은 연대 측정 결과 600~700만 년 전의 것으로 밝혀졌다. 그리고 산난 지구의 저당에서 발견된 큰 나무뿌리는 이 일대가 아주 오래전 원시 수림 지대였음을 밝히는 결정적 단서를 제공했다. 최근에는 나라무 지역에서 공룡 화석이 추가로 발견되었다.

나는 빠조제에서 이 귀한 화석을 손에 넣기 위해 주인의 요구대로 값을 지불한 후 25킬로그램의 화석을 짊어지고 숙소로 돌아왔다.

성지 조캉사원 앞에서 6개월간 계속된 오체투지 순례를 마치고 기념촬영을 한 티베트 가족

필자가 빠조제에서 구입한 암모나이트 화석

엄숙한 마음으로 순례자를 한동안 바라보았다

내세를 믿는 티베트 사람들은 인간의 영혼은 죽지 않으며 마치 수차와 같이 계속 돌아간다고 생각한다. 즉 '죽어서도 살고, 태어나면 죽는다'는 윤회적 삶을 따르고 있는 것이다. 티베트인들이 삶의 의미를 종교에서 찾는 것도 다 이런 이유다. 이들에게 종교가 없다면 삶의 의미도 없어지는 것. 그래서 티베트 사람들은 불교 사상을 바탕으로 초연한 섭리에 따라 조석으로 하늘과 땅에 감사하며 이상세계를 추구해왔다. 그러므로 이들에게 죽음은 다른 사람으로 다시 태어나기 위한 과정일 뿐이다.

티베트 불교의 대표적인 상징물은 마니차, 불탑, 마나투에이, 타르쵸 등이다. 이중 마니차는 마니보름이라고도 하는데, 그 속에는 불경이 들어 있다. 티베트인들은 마니차를 한 번 돌리면 불경을 한 번 읽는 것과 같은 효과가 있다고 믿는다. 많이 돌리면 그만큼 독경을 많이 한 셈이 되는 것. 이런 연유로 티베트인들이 항상 마니차를 돌리며 공적을 쌓는다. 양손으로 돌리면 그만큼 더 큰 효과가 있다는 생각을 갖고 있다.

티베트 사원 입구에는 대형 마니차가 있다. 포탈라 궁으로 가는 길목에는 수백 개가 설치되어 있었는데, 사람들이 지나가면서 한 바퀴씩 돌리며 복을 빈다. 그리고 티베트에는 마을이 있는 곳이면 어디든지 불탑이 있다. 이른 아침 갓 짜낸 우유 또는 양젖을 불탑에 공양하며 하늘과 대지에 감사 기도를 한다.

그리고 티베트의 마을이나, 개울가, 높은 산, 도로 등지에는 돌을 쌓아 올린 돌무더기 즉, 마니투에이(麻尼堆)가 있다. 돌에는 경전 문구가 새겨져 있다. 이런 돌무더기는 무사 평안을 지켜주는 상징적인 존재이다.

이렇듯 불교와 토속 종교를 배제하고는 티베트인들의 삶은 말할 수가 없다. 거듭 강조하지만 티베트 불교의 핵심은 윤회다. 종교를 통해 이상세계를 추구하고 있는 것이다.

나는 어느 해 여름, 탕구라산에서 한 가족이 오체투지를 하면서 고개를 넘고 있는 것을 보고 차를 세웠다.

"어디서 오십니까?" "칭하이성 위수입니다." "여기까지 오는데 얼마나 걸렸나요?"

경전문구를 새긴 마니석과 야크 뿔. 복을 비는 의미다

"8개월입니다." "어디로 가시지요?" "라싸 조캉사원으로 갑니다." "얼마나 걸릴까요?" "앞으로 8개월을 예정하고 있습니다." "식사는 어떻게 하고요?" "식량과 침구를 수레에 싣고 가면서 날이 저물면 노숙을 합니다."

잠시 후 또 다른 수행자들을 만났다. "어디서 오십니까?" "칭하이성입니다." "어디로 가시지요?" "수미산(Kailas)으로 갑니다." "얼마나 걸리지요?" "2년을 예정하고 있습니다."

수미산 순례에 2년을 계획하고 있다니…. 그것도 걸어가는 것도 아니고 오체투지로 간다니 이들에게 종교는 생에 가장 우선하는 가치임에 틀림이 없었다.

"나는 당신들이 무사히 수미산에 도착하기를 기원합니다." 인사를 건넨 나는 한동안 순례자들의 고행을 말없이 바라보았다.

티베트 전통 의상을 차려입은 젊은이들

문명 교류의 대동맥, 실크로드에 들어서다!

타클라마칸 사막의 남쪽, 실크로드 유적지 탐험

실크로드(Silk Road)는 중국 문화가 꽃피던 시절, 당(唐)나라와 서역의 교역로다. 한자로는 사로(絲路), 견로(絹路), 사주지로(絲綢之路)라고 한다. 실크로드 즉, 비단길이라는 명칭을 사용한 이는 독일의 지리학자 리히트호펜(Richthofen)이다.

실크로드 유적은 중국 서북쪽에 위치한 도시들에 주로 남아있다. 장대한 이 문화교역로의 출발지는 시안(西安)의 서대문이다. 이곳에서 시작된 실크로드는 중국 서부를 여러 갈래로 관통해 유럽과 인도에 이른다. '둔황-투루판-옌지-쿠차-카슈가르'를 거쳐 파미르고원으로 이어지는 코스가 실크로드의 대표길 톈산남루(天山南路)이다.

이외에도 '둔황-미란-누란-체머-허텐-카슈가르'를 지나 중앙아시아로 이어지는 길을 시위난루(西域南路), '투루판-우루무치-톈산산맥'의 길을 톈산뻬이루(天山北路)라고 한다.

또 다른 육로로는 시안에서 쓰촨성(四川省) 청두를 거쳐 윈난성(雲南省)과 티베트를 지나 네팔로 이어지는 길이 대표적이었다. 실크로드는 육로뿐만이 아니었다. 항저우(杭州)에서 유럽으로 통하는 바닷길이 이미 당나라 때 열려있었다.

유럽인들이 실크로드에 관심을 둔 것은 마르코 폴로의 동방 여행을 그 기원으로 삼

옥이 난다는 허텐강의 모습

아야 한다. 당시 마르코 폴로는 중국 지폐를 가지고 유럽으로 돌아갔는데, 금화만 사용하던 사람들은 지폐의 가치를 인정하지 않고 경시했다. 고위층 인사들이 모인 자리에서 웃음거리가 됐으며, 태워지는 수모도 당했다.

하지만, 일부에서는 그 지폐의 유통 가치를 직시했다. 이는 동방에 관한 관심을 불러일으키는 도화선이 되었다.

이때쯤 여러 교역로를 통하여 당나라의 문화가 유럽으로 전파되었다. 당시 유럽은 굵은 실로 짠 마대 같은 옷을 입고 생활했는데, 장안에서는 색감과 무늬가 화려한 비단이 의복 원단으로 이미 사용되고 있었다. 이를 접한 유럽 사람들은 놀라움을 금하지 않을 수가 없었다.

특히 당나라 여인들의 옷차림은 앞가슴과 등이 깊게 파인 형태로 디자인되었으며, 바지는 각선미를 최대한 드러낸 형태였다. 동방의 멋을 살리고 아름다움을 강조한 의류는 중국 문화의 화려함을 유럽에 알리는 계기가 되었다.

초원과 사막의 실크로드

　이처럼, 마르코 폴로에서 기원한 유럽인들의 동방에 대한 환상은 실크로드 개척으로 이어졌다. 당나라와 유럽의 문화가 교류하기 시작한 것이었으며, 이는 새로운 문화 창출의 동력으로 작용했다.

시위난루 탐사

　내가 처음으로 시위난루를 탐사한 것은 1991년 6월이었다. 대원은 산악인 김태섭, 이정양씨였다. 서울에서 출발한 우리는 신장 웨이우얼 자치구의 성도인 우루무치에 도착했다. 이 도시는 신장성의 성도로 교통 요충지이자, 지하자원 보고인 타클라마칸 사막에 인접한 도시 중 가장 큰 규모였다.

　우리의 목적은 시위난루의 핵심지인 누란을 탐사하는 것이었다. 실크로드의 오아시스 도시였던 누란에는 지금까지 많은 유적들이 발굴되었다. 이곳을 처음으로 탐험한 사람은 영국의 고고학자 스타인 박사(1907년)이며, 최근에는 일본이 비행기까지 동원

실크로드 탐사 중 현지인들과 기념촬영을 한 필자(맨 왼쪽)

해 대대적인 탐험활동을 벌였다. 그러나 현재 이곳 유적은 갈수록 심각해지는 사막화로 모래 속에 완전히 매몰되었다. 우리는 누란을 탐사하기 위하여 멀고 먼 서역 끝자락에 있는 카슈가르로 향했다. 이때가 6월 23일이었는데 이날부터 삼 일간은 위구르족의 명절이었다. 카슈가르의 인구는 30만 명이고 98퍼센트가 위구르족이다. 이들의 조상은 터키계 유목민족으로 9세기~10세기 이슬람의 동진 때 이곳에 정착했다.

연휴라 관공서와 상점은 모두 문을 닫았고 사람들은 명절을 즐기기 위해 집집이 양을 잡고 전통음식을 마련했다. 거리는 온통 축제 인파로 넘쳐났다. 이들은 명절을 즐기기 위해 1년 전부터 양을 길러 명절 전날에 잡는다고 한다.

안내원에 의하면 코란에 이르기를 아브라함이 주님께 충성하기 위하여 자기 아들을 칼로 죽이려고 하자 주님이 그의 충성심을 갸륵히 여겨, 즉시 천사를 내려보내 살생을 중지시키고 그 대신 양을 잡아 제물로 바치게 했다고 한다. 이후 명절이 오면 위구르인들은 신에 대한 충성심을 나타내기 위해 양을 잡는다.

카슈가르 거리에는 새 옷을 입은 여자들이 마차를 타고 방울 소리를 울리며 어디론지 향하고 있었다. 그들을 따라 도착한 곳은 거대한 무도장으로 변한 광장이었다. 남녀노소를 가리지 않고 전 계층이 모인 이곳은 인산인해를 이루었다. 나는 조망이 좋은 건물에 올라 광장을 내려다보았다. 수많은 인파가 위구르 민속춤을 추고 있었는데, 그 모습이 장관이 아닐 수 없었다. 위구르인들은 춤과 노래를 무척 좋아해 걸음마를 떼기 시작할 때부터 노래와 춤을 배운다고 한다. 기분전환 또는 정신순환을 위해서도 춤을 춘다는 위구르인들에게 음악과 춤은 불가분의 관계였다. 그래서인지 어린아이들이 노인들과 어울려 춤을 추는 것이 조금도 어색하지 않았다.

나팔과 북만으로 연주하는 위구르족의 음악은 단조롭고 토속적이었다. 하지만 나같이 음악에 문외한인 사람도 어깨가 들썩일 정도로 흥겨웠다. 얼마나 흥겨웠던지 김태섭, 이정양씨는 광장으로 나아가 현지인들과 함께 덩실덩실 어깨춤을 추었다.

사흘 후, 우리는 누란 탐사를 위해 시위난루의 허톈과 민펑, 체머를 거쳐 루어창에 도착했다. 인구 2만 명의 루어창은 칭하이성과 신장성을 잇는 칭신공루(靑新公路)의 기점이며 톈산난루의 쿠얼러시로 연결되는 교통의 요충지였다. 인근에는 누란과 미란 등 실크로드 유적지가 산재했다.

우리는 한 세기 전 헤딘 박사의 누란과 미란 탐험을 되새기며 정보를 모으기 시작했다. 그러나 현지에서 들리는 소식은 비관적이었다. 몇 해 전 이곳에 군사기지가 들어서 일반인들의 출입이 통제됐다는 소식 때문이었다. 우리는 급히 정부기관에 들러 출입 사유를 말하고 탐험계획서를 제출했다.

그러자 담당자는 뜻밖에도 "멀리 한국에서 오셨고, 당신은 중국말도 잘하니 중국인으로 위장하고 가십시오"라고 말했다.

우리는 19세기 초 이곳을 넘나들었던 탐험가들처럼 변장하고서라도 군사기지가 있는 누란 탐사에 나설지 결정을 내려야 했다.

카슈가르의 축제. 위구르인들이 흥겹게 춤을 추고 있다

서역남로, 고선지와 혜초의 길을 가다!

실크로드에 우뚝 섰던 두 선각자의 발자취를 따라
허텐 입성

1993년 6월 26일, 카시가르(Kashgar, 喀什)를 출발한 탐험대의 목표는 501km 거리의 허텐(和田). 창밖으로 일망무제의 타클라마칸 사막이 가없이 펼쳐졌다. 이 길은 고구려 유민으로 당나라의 사진도지병마사(四鎭都知兵馬使)가 되어 실크로드에 우뚝 섰던 고선지(高仙芝) 장군의 얼이 서린 곳인 동시에 혜초 스님이 세기의 문화유산 왕오천축국전을 천불동(千佛洞) 석굴에 남기고 장안으로 발길을 옮긴 곳이기도 했다. 떼를 지어 이동하는 야생 낙타를 보니 사막에 들어섰음을 실감했다.

타클라마칸 사막의 위구르어 뜻은 '한번 들어가면 살아서는 나오지 못하는 곳'이다. 하늘에는 나는 새가 없고 땅에는 살아 숨쉬는 것이 없다는 이 사막의 면적은 330㎢이며, 동서 길이는 800km, 폭은 400km에 이른다.

불모의 사막은 날로 팽창하여 먼 옛날 번성했던 아퉁과 니아 같은 고성은 이미 모래 속으로 종적을 감췄고, 민펑에서 120km 거리에 있었던 제귀 유적도 사막의 팽창으로 사라지고 말았다. 이 속도대로라면 신장성은 물론, 티베트까지 사막화될 것은 불을 보듯 뻔했다.

현지인들이 허텐강을 뗏목으로 가로지르고 있다

　1960년부터 이를 억제하기 위해 신장위구르자치구 주정부는 자생력이 강한 백양나무를 대규모로 식수해 지금은 어느 정도 효과를 거두었다.

　타클라마칸 사막을 관통하는 사모공루(沙漠公路)를 빠져나온 탐험대는 신장성의 명물이 된, 태양에 빛나는 백양나무 숲길로 들어섰다. 잉치사에 도착한 탐험대는 기름을 보충한 후 잠시 휴식을 취했다. 이곳은 신장성에서 쿤룬산맥을 넘어 티베트 아리지구로 연결되는 교통의 요충지였다.

　허텐에 도착한 시각은 늦은 밤이었다. 한(漢)나라 때 위텐으로 불렸던 이곳의 인구는 100만 명이고, 이 중 위구르족이 90%다.

고선지와 혜초의 숨결 따라서

　6월 27일, 고선지 장군과 혜초 스님의 행적을 더듬어 보기 위해 박물관으로 향했다. 나는 이곳에서 실크로드 역사 연구가인 이금평씨를 만났다. 고선지와 혜초에 관하여 깊이 있는 연구를 한 바 있는 그는 고선지 장군이 토번과의 전투에서 대승을 거둔 연

허텐 인근에서 방목되는 낙타들이 한가로이 풀을 뜯고 있다

운보(連雲堡) 전투에 대해서 자세하게 이야기해 주었다.

때는 당나라 말기. 당 현종(玄宗)은 날로 세력을 키우던 토번의 20여 개국을 정벌키로 하고 그 선봉을 고선지 장군에게 맡겼다. 병사 1만을 거느리고 안시(安西)를 출발한 그는 둔황~누란~쿠처~카슈가르~파미르고원을 거쳐 파밀강을 건너 지금의 인도 라다크, 그리고 소발율국(파키스탄의 길기트), 대발율국(파키스탄의 스카르두) 등을 정벌했다. 백전백승이었으며, 알프스산맥을 넘은 나폴레옹과 비견할 수 없는 대단한 원정이었고 대승이었다. 이씨의 말을 듣고 있노라니 실크로드의 중심에 서서 호령하던 고선지 장군의 기개가 전해지는 것 같았다.

그는 장군의 활약상이 수록된 <구당서> 원문 일부도 보여주었다. 열전(列傳) 제24조에는 고선지 장군에 관한 기록이 자세하게 기록되어 있었다. 그의 부친 고사계(高舍鷄)는 고구려 유민으로 하서군에서 여러 차례 공을 세워 제위장군(諸衛將軍)이 되었다. 어렸을 적 부친을 따라서 안시로 이주한 고선지는 아버지의 공훈으로 유격장군으로 제

타클라마칸 사막의 오아시스 유적지

실크로드 조형물 앞에서 포즈를 취한 필자

병마용의 모습. 실크로드 기점인 시안에 위치한다

타클라마칸 사막 초입에서 현지인들과 기념촬영을 한 필자. 뒤로 모래바람이 불고 있다

수되었고, 20세 때 이미 장군 칭호를 받아 아버지와 같은 관등이 되었다. 용맹정진한 그는 개원년(開元年) 말에 안서부도호가 되었으며, 얼마 후 사진(四鎭)의 도지병마사로 진급했다.

당시 라다크의 왕이 토번의 공주를 아내로 삼자 서북의 20여 개국이 티베트의 다스림을 받아 당나라에 조공을 바치지 않았다. 이를 괘씸히 여긴 현종은 칙령을 내려 고선지로 하여금 마보군(馬步軍) 1만 명을 거느리고 행영절도사가 되어 이 지역을 토벌하게 했다.

안시를 출발한 고선지 장군은 35일을 행군해 파미르고원 인근에 도착했고, 여기서 20일을 더 걸어서 파밀강에 이르렀다. 고선지는 이곳에서 군사를 셋으로 나누어 7월 3일 진시(辰時, 아침 7시에서 9시 사이) 연운보 앞에서 만나기로 했다.

연운보에는 적군 1,000명이 있었으며, 그 남쪽으로는 토번 군사가 8,000~9,000명

정도가 진을 치고 있었다. 연운보성 밑으로 흐르는 깊은 강을 건널 수 없게 된 고선지는 소를 잡아서 제를 올렸다. 날이 밝자 강물은 거짓말처럼 줄어 있었고 대공세를 시작한 당군은 대승을 거두었다. 기록에 의하면 5,000명이 목이 잘렸고, 1,000필의 말을 노획했으며, 1,000명을 생포했다고 전해진다.

이근평씨는 당시 고선지 장군의 나이가 약관 20세라고 설명하며 오른손 엄지를 치켜세웠다. 고선지에 대한 설명을 마친 그는 자신의 저서 <불국우전(佛國于闐)>도 소개했다. 이 책에는 실크로드의 선각자 혜초 스님의 이야기가 비중 있게 다루어졌다. 그 내용을 요약하자면 이러하다.

중원에서 장대한 나라 신라의 승려인 혜초는 수도(修道)의 길을 떠나 인도에 이르러 오천축국을 방문했다. 이곳에서 부처님의 설법을 깨닫고 당나라 개원 중에 귀국길에 올라 서역 각국을 방문했다. 그는 파미르고원을 넘어서 허텐의 용흥사(龍興寺)도 잠시 들렀는데, 이곳에는 사원과 승려가 많았으며 대승불교를 신봉하고 육식을 하지 않았다.

허텐에 발을 들인 나로서는 혜초 스님의 흔적이 남아있는 용흥사에 꼭 가보고 싶었다. 그러나 용흥사는 타클라마칸 사막에 이미 묻혔다며 이금평씨는 안타까운 미소를 지었다. 그러나 이씨는 한국에서 요청한다면 허텐 박물관이 소장하고 있는 미술품과 미라 등을 한국에서 전시할 수 있게 해주겠다고 하였다. 하지만 사정상 뜻이 이루어지지는 못했다. 허텐을 뒤로한 탐험대는 타클라마칸 사막 북쪽에 병풍처럼 자리 잡은 쿤룬산맥을 향해 차를 몰았다.

허텐, 옥(玉)의 도시를 가다

신장성 백옥강 탐사… 장수마을의 키워드는 살구

중국 신장웨이우얼자치구의 타클라마칸 사막 자락에 위치한 허텐(和田)은 장수마을과 세계 최고 품질의 옥(玉) 산지로 유명한 곳이다. 1994년 7월, 이곳에 도착한 나는 25km 거리의 마리크와티 고성으로 향했다.

허라허스강 유역에 있는 고성 마을에 도착하고 보니 기대와 달리 성은 폐허가 되었고 유적은 없었다. 원래 이 고성은 위텐국의 수도였다. 기원전 206년에서 907년까지 번성한 이 왕국은 실크로드의 흥망성쇠를 간직한 중요 유적지였다. 폐허가 된 성과 부서진 토기들이 나뒹구는 현실을 보니 안타깝기 그지없다. 성터는 위구르족 어린이들의 놀이터로 변해 있었다. 잠시 앉아서 사색에 잠기니 세상의 허무가 엄습한다.

아이들이 부서진 토기와 석기시대에 사용했던 손도끼 두 개를 들고 내게 왔다. 어디서 주웠느냐고 물으니 성터 인근을 가리킨다. 처음 보는 돌도끼가 신기해 값을 지급하니 좋아한다. 함께 사진을 찍고 돌아오는 길에 허라허스강 유역의 장수마을에 잠시 들렀다.

마을에 들어서니 옛날 우리나라 황토집을 연상케 하는 집들이 50~60호 정도 있다. 행화촌(杏花村) 같이 살구나무가 가득했다. 3대가 함께 살고 있다는 집으로 향했다. 주

미란 고성의 폐허 풍경. 옛 영화는 온데간데없고 잔해만 남았다

위구루인의 무덤

모래 언덕을 오르는 필자. 타클라마칸 사막에서

방풍탑. 모래 폭풍이 불면 사막의 사람들이 이곳으로 숨는다

인에게 지나가는 객이라 소개하고 작은 선물을 건넸다. 그러자 포도나무 그늘에 카펫을 깐 이들은 살구를 바구니에 가득 담아 오더니 맛을 보라고 한다.

연장자인 노인에게 나이를 물으니 82세라고 한다. 놀라지 않을 수 없었다. 대관절이 척박한 곳에서 무얼 먹고 장수한다는 말인가! 노인이 살구를 들어 보이며 "살구는 미네랄 성분이 풍부한 과일이다. 그리고 우리는 쿤룬산맥(崑崙山脈)에서 흘러내리는 허라허스 강물을 식수로 사용한다. 물에는 인체에 유익한 광물이 다량이다"라고 웃으며 말했다. 정원에 있는 재래식 수도에서 나오는 물의 수원은 쿤룬산맥이었다. 나는 후일 백옥강(白玉江)을 소개하는 중국 문헌을 접했는데 다음과 같이 기록되어 있었다. '쿤룬산 물은 인체에 유익한 여러 종류의 광물질과 미량의 원소가 함유되어 있다.' 참으로 노인의 말에 근거가 있었던 것이었다.

며칠 후 나는 허톈에서 1,300km 떨어진 쿤룬산맥의 끝자락에 자리한 나츠타이로 이동했다. 그곳에서 발견한 샘은 지름 160cm, 깊이 80cm에 이르렀다. 암반을 뚫고

미란 고성 유적. 7세기 인근 호수의 물이 고갈되면서 사람들이 떠났다고 한다

솟아나온 물이 신기했다. 주민에 따르면 쿤룬산의 빙설 녹은 물이 지하로 스며들어 암반을 따라 흐르다가 이곳에서 지상으로 분출한 것이라고 한다. 얼마나 정갈한 물이던가!

대영제국이 인도를 지배할 당시 인도 히말라야 산록에는 바드리나트라는 광천수가 있었다. 그 물이 어찌나 정갈했던지 영국 귀족들이 배로 운반해 마셨을 정도였다고 한다. 이와 비견되는 이곳의 광천수를 지금 아니면 기회가 없는 것처럼 나는 실컷 들이켰다.

잠시 그늘에서 휴식을 취하는 사이 아이들이 건넨 살구를 몇 알 받아든 나는 미국의 한 여성 탐험가의 파키스탄 훈자 탐험 기행을 기억 속에서 끄집어냈다. 그녀의 기록에 의하면 살구나무로 가득한 한 터전에 사는 훈자인들은 여름에는 살구를 생으로 먹고, 건과일로도 비축해 연중 먹으며, 씨는 기름을 짜서 채소를 볶을 때 사용한다고 적고 있다. 그녀는 또 살구의 이로움으로 훈자 사람들의 평균 연령이 84세라고 기술했다.

놀랍게도 허텐의 장수마을에서 나는 127세의 노인을 보았다. 이때부터 살구에 관심을 가진 나는 설악산 집에 살구나무를 심어 봄에는 꽃을 보고 여름에는 과일을 먹는다.

백옥강에서 쿤룬산의 옥석 줍다

허텐은 예로부터 옥의 산지로 유명한 곳. 쿤룬산맥의 대설산(大雪山)에서 발원하여 흐르는 강이 두 곳이다. 하나는 위룽허스강(玉龍喀什江)이고, 다른 하나는 허라허스강이다. 한국말로는 백옥강(위룽허스강)과 흑옥강(허라허스강)이라고 한다. 이 두 강에서는 세계에서 가장 아름다운 양질의 백옥, 홍옥, 흑옥 등 23종의 옥이 출토된다. 예전에는 옥이 얼마나 많았던지 실크로드의 대상들도 강변에서 어렵지 않게 옥을 찾을 수 있을 정도였다.

허텐에 전해오는 말에 의하면 백옥강이 발원하는 곳에 커다란 호수가 하나 있는데 물이 나가는 수구(水口)에 커다란 옥석이 있어 달 밝은 밤이면 영롱한 빛을 발한다고 한다. 여기에 현혹된 이들이 옥을 채취하려고 호수에 발을 들였다가 모두 익사하는 참변을 당했다고 한다. 원주민은 호수에 신령한 수호신이 있다고 믿기 시작했으며, 이후 호수로 옥을 캐러 가는 이가 없었다고 한다.

백옥강은 옥의 강이다. 나츠타이나에서 허텐으로 돌아온 나는 관청으로 가 백옥강 상류를 탐사하고 싶다는 의견을 개진했다. 담당자는 군사 기지가 있어 허텐에서 25km 이상은 허가를 내줄 수 없다고 하였다. 다시 부탁했더니 조금 기다려 보라고 한다.

다음날 신변보장의 이유로 35km 내에서만 활동하겠다고 서약한 나는 백옥강에 나섰다. 강바닥을 살피며 상류로 오르는 동안 포클레인으로 파헤쳐진 흙더미들이 여러 군데 쌓여 있었다. 강바닥은 어디 한 군데 성한 곳이 없다. 인간 욕심에 자연이 초토화된 것이었다. 비가 와서 강물은 불어 있었다. 신을 벗고 강으로 들어간 나는 한동안 강변을 오르락내리락하면서 강바닥을 살피던 중 강 속에 숨어있던 주먹 크기의 홍옥과 흑옥을 주웠다. 행운의 옥은 현재 가보로 보관하고 있다.

이후 2001년 내가 다시 허텐을 방문했을 때 들은 이야기로는 백옥강 상류 호수에 있던 커다란 옥석(玉石)은 채취되었고 현재 북경 박물관으로 옮겨져 국가에서 관리하고 있다는 것이었다. 전설의 이야기는 사실이었던 것이었다.

백옥강 탐사를 마친 우리는 타클라마칸 사막 변두리에 있는 민펑으로 이동했다. 이곳에서 나는 한 관리를 만났는데 그로부터 관개수로를 개설하여 쿤룬산의 물을 사막으로 끌어와 나무를 심어 사막을 녹화하고 있다는 희망적인 이야기를 들었다. 그를 따라 현장에 나가보니 황량했던 사막의 곳곳에 정말 나무가 자라서 있었다. 밭도 조성됐으며 마을은 건설 중이었다.

나는 그에게 누란, 니야고성, 용흥사 등이 모두 사막에 묻혀버렸는데 인간의 노력으로 사막화를 방지할 수 있겠느냐고 물었다. "사막을 녹화하는 것이 우리의 임무다. 백년 계획으로 나무를 심고 있다"고 그는 자신 있게 말했다.

이후 신장성 쿠얼러에서 민펑으로 연결된 타클라마칸 사막 횡단도로가 생겼고, 민펑은 서역남로의 교통 요충지가 되었다. 녹화 사업은 여전히 진행 중이다.

죽음의 사막, 타클라마칸을 가다!
모래 폭풍의 급습…사막화 방지 중요성 깨달아

1993년 7월 3일, 중국 신장웨이우얼자치구 타클라마칸 사막 인근 민펑에서 출발한 탐험대는 300km 거리의 체머로 나설 채비를 했다. 이 날 기온은 45℃. 가히 살인적인 더위였다. 가만히 있어도 땀이 줄줄 흐르는 상황. 가장 필요한 것은 물이었다. 차에 생수를 가득 싣고 끝없이 펼쳐진 사막을 향해 나섰다. 얼마를 달렸을까? 3,000~4,000평 정도의 녹지가 나타났다. 광폭한 사풍과 척박한 환경 속에서도 작은 터전을 일구고 살아가는 위구르족 마을이었다.

반나절을 운행하자 식목한 나무들이 나타나 차를 세웠더니 10여 명의 위구르족 여인들이 생수를 들고 나와서 권한다. 금보다 귀한 물을 들이켠 후 호의에 대한 답례로 작은 선물을 건넸다.

오후 내내 사막을 달린 탐험대는 목적지인 체머에 도착했다. 숙소를 정하고 베란다에 서니 모래바람으로 인해 가시거리가 40m도 안 되었다. 가끔 마스크를 쓴 위구르족들이 왕래하는 모습이 희미하게 나타났다가 사라질 뿐 주변은 온통 모래 먼지 속에 잠겼다. 사풍으로 가득한 이곳은 연중 맑은 날이 145일, 모래 폭풍 부는 날이 220일이라고 한다. 5월~7월 사이에 비가 약간 내리고 8월부터는 다시 건기라고 한다.

일행들이 힘을 모아 모래에 빠진 차를 밀어보지만 소용이 없었다

그악한 황무지에 서고 보니 매년 봄 우리나라에 영향을 주는 황사는 이곳과 비교하면 새 발의 피였다. 사막에 사는 사람들은 1년에 2kg 정도의 모래를 마신다고 한다. 건강에 치명적인 환경 속에서도 삶을 꾸려가는 이네들이 측은해 보였다.

7월 5일, 389km 거리의 루어창으로 향했다. 사막의 팽창으로 인해 도로와 사막의 경계가 모호했다. 봉고차가 겨우 달릴 수 있는 길 좌우로는 풀 한 포기 보이지 않는 사막만이 가없이 펼쳐졌다. 무덤 같은 사구에 모래바람이 인다. 사막의 풍광을 감상하며 체머강 다리를 건넜다. 얼마를 운행했을까? 사풍으로 생긴 모래더미에 그만 차가 빠지고 말았다. 모래를 파내 겨우 운행을 시작했는데 200~300m을 가지 못하고 차는 다시 모래더미 속에 더욱 깊숙이 빠졌다.

차에서 짐을 모두 내린 일행들은 모래를 파내고 주위의 돌을 주어다가 바퀴에 고인 후 고약한 엔진 오일 타는 냄새가 날 때까지 액셀러레이터를 밟아 보았지만 차는 꿈쩍도 하지 않았다. 헛돈 바퀴는 더욱 모래 속에 깊이 빠져들 뿐이었다.

자력탈출을 포기한 듯 기사는 전방을 살피고 오더니 손을 저으며 더는 갈 수 없다고 한다. 나도 앞길을 살펴보았는데 도로를 뒤덮은 모래 때문에 더 이상의 전진은 불가능했다. 목적지인 쿠얼러까지 반도 운행하지 못한 우리는 되돌아 나가기도 어려운

타클라마칸의 오아시스 도시들이 사막화되어가고 있다
체머 인근의 고사한 나무가 그 피해를 말해주듯 서 있다

진퇴양난의 상황에 빠지고 만 것이었다.

자포자기의 순간, 천우신조가 일어났다. 며칠 동안 생명체 구경하기도 어렵다는 이곳에서 거짓말처럼 차 한 대가 나타났다. 시야에 들어온 차는 힘 좋기로 유명한 6륜 구동의 트럭이었다. 우리는 너무 기쁜 나머지 환호성을 질렀다. 사막에 고립된 우리 차를 발견한 트럭 기사는 고맙게도 방향을 바꾼 것이었다. 와이어를 연결한 그는 힘찬 엔진 소리와 함께 모래 구덩이 속에 깊이 박혀 있던 차를 쉽게 끌어냈다. 이것만으로도 고마운 일 일진데 운행이 가능한 곳까지 견인도 해주었다.

트럭 기사는 참으로 마음 따뜻한 이였다. 사례하려고 하자 그는 손을 내저으며 "먼 길 편안히 가십시오"라는 말만 남기고 사풍이 부는 사막 너머로 이내 사라졌다. 이 글을 쓰는 이 순간에도 나는 당시 기사에 대한 고마움을 잊을 수가 없다.

나무를 심는 것만이 사막화 방지

늪과 같은 모래 속에서 빠져나온 우리는 다른 길을 통해 사막으로 다시 나섰다. 점심을 먹을 수 있는 장소를 찾던 중 1999년 여름 잠시 쉬어 갔던 하천이 때마침 눈에 들어왔다. 다리 밑에 자리를 잡은 우리는 수박을 물에 담근 후 라면을 끓이기 시작했다.

식사를 마칠 때쯤 쿤룬산맥 인근에서 사풍이 일어났다. 처음에는 흔히 보는 모래 폭풍인 줄 알았는데 자세히 보니 7~8개의 강력한 돌개바람이 미친 듯이 움직이고 있었다. 그 모습이 마치 화난 거인 같았다.

잠시 후, 모래기둥이 빠른 속도로 우리 쪽으로 방향을 틀어 밀려오고 있었다. 위험을 인지한 우리는 재빨리 짐을 정리한 후 차에 올라탔다. 순식간에 몰아닥친 광폭한 바람에 차가 심하게 흔들렸다. 전복되지 않을까 하는 두려움이 엄습한 순간, "후두둑!" 무언가가 차로 쏟아졌다. 잠시 후, 폭풍은 사막 저편으로 물러갔다. 차에서 내린 우리는 소낙비처럼 쏟아진 것이 돌개바람에 빨려 올라갔던 모래였음을 알 수 있었다.

오래전에 마을이 있었다던 타클라마칸의 오아시스 도시는 이미 사막으로 변해 있었다. 사막화는 세계 공동사업으로 대응해야 한다

생수를 선물한 고마운 이들과 포즈를 취했다

가공할 위력이었다. 소용돌이의 중심에 있었더라면 우리 차는 무사하지 못했을 것이었다.

한바탕 소동을 겪고 보니 "타클라마칸 사막은 100년에 2km씩 팽창하고 있다. 수세기가 지나면 서역남로는 모두 사막이 될 것이다. 이를 방지하려면 나무를 심어야 한다"고 힘주어 말했던 민펑에서 만났던 한 관리의 말이 생각났다. 나는 티베트를 30여 차례 다녔는데 10년 전부터 전에 없던 사구를 오지에서 보았다. 처음에는 무심히 보았으나, 그 모래 더미는 해마다 커지고 있었다. 사막화는 인류 재앙이므로 막아야 한다.

혹자가 말하기를 사막에 나무를 심었더니 98%가 죽고 2%가 살아남았다고 한다. 그래도 심어야 한다. 2%가 모여 100%가 되기 때문이다. 쿤룬산맥은 2,500km 길이의 장대한 산맥이다. 이곳에서 수많은 하천이 타클라마칸 사막으로 흘러들어 증발한다. 그 강물을 사막으로 흘려보내지 말고 관개수로를 만들어 용수로 사용해야 한다.

나무를 심는 것만이 사막화를 방지할 수 있는 유일한 방법이기 때문이다. 이는 한 국가의 일이라기보다는 자연을 보존하기 위한 세계의 공통 사업으로 대응해야 한다.

나는 체머 사람들이 1년에 모래를 2kg 이상 마시며 산다는 비참한 이야기를 다시 한 번 상기하며 목적지 루어창에 도착했다.

타클라마칸 사막의 낙타들이 한가로이 풀을 뜯고 있다

서융(西戎)을 가르는 쿤룬산맥 넘어 티베트로
거얼무에서 티베트 나취현으로 이어진 고원호수 탐사

칭장고원(티베트와 칭하이에 형성된 고원)에는 1㎢ 이상 되는 호수가 무려 1,500개에 이른다. 그중 절반에 해당하는 804개가 티베트에 산재한다. 칭장고원을 통틀어 제일 큰 호수는 칭하이성의 칭하이후(靑海湖)다. 티베트 말로 고고노루라고 불리는 이 장대한 호수의 면적은 4,635㎢이며 해발고도는 3,500m다.

탐험대는 1994년 여름 관광지로 변한 중국 최대 염호인 칭하이후를 둘러본 후 칭장공로로 나섰다. 도로가 생긴 지 얼마 되지 않아서인지 길가 풍광은 무인지경의 연속이었다. 감청색 물빛이 아름다운 염호를 감상하며 얼마를 달렸을까. 갑자기 탐험대 앞으로 녹음 짙은 숲이 나타났다. 숲을 관통하여 흐르는 맑은 물을 어서 가서 마셔 보리라고 생각하는 순간, 눈앞에 펼쳐졌던 그림 같은 풍광은 거짓말처럼 종적을 감추었다. 신기루였다.

왜 이런 현상이 일어나는 것일까? 안내원은 "더운 공기가 지표로 흐르는 여름철 오후가 되면 지면 온도가 몹시 높아진다. 이때 가열된 도로를 차가 달릴 때 전방의 노면에 물웅덩이가 보이면서 사람이나 가로수가 어른거리는 현상이 나타날 때가 있다. 그러나 접근하면 이내 사라지는데 신기루의 일종이다. 지표 가까운 기층의 기온 변화가

나취현의 고원초지를 한가로이 노니는 양떼들과 몰이꾼

크기 때문에 나타나는 현상"이라고 설명했다.

황막한 고원을 계속해서 달린 우리는 또다시 놀라운 풍광을 마주하고는 할 말을 잃었다. 황토기둥이 탑처럼 펼쳐져 있었기 때문이다. 높이는 3m 정도였으며, 큰 기둥은 4~5m가 넘는 것도 있었다. 형태도 다양해 사람의 모습, 앉아 있는 여인의 모습, 여러

쿤룬산구. 중국 본토와 티베트를 가르는 분기점이다

짐승의 모습을 한 기둥들이 여기저기에 산재해 있었다. 나는 삭막한 고원에 어떻게 이러한 현상이 일어날 수 있는지에 대해 그저 신기해했다. 티베트를 수없이 방문한 나지만 꼭 다시 가보고 싶은 곳을 꼽으라면 미란(米蘭)에서 유첸즈(油泉子)로 이어지는 이 신기한 고원지대다.

야생 당나귀들의 질주

티베트 고원호수를 줄을 이용해 건너는 지역민

퉈퉈허 인근 마을에서 티베트 민가를 방문한 후 함께 기념촬영을 했다. 맨 오른쪽이 필자다

고원호수에서 잡은 물고기. 지역주민들의 단백질 공급원이다

쿤룬산맥 넘어 도착한 라싸

유첸즈로 가는 길은 도로공사가 한창이었다. 굴착기가 올린 흙더미에는 두께 70cm 정도에 이르는 소금층이 형성되어 있었다. 이곳이 태곳적 바다였다는 증거를 목도한 우리는 계속해서 가없는 평원을 1시간 정도 달려 유첸즈에 도착했다. '기름샘'이라는 지명대로 이곳에는 원유를 퍼올리기 위해 설치한 수많은 시추기가 힘차게 작동하고 있었다. 그 모습이 마치 옛날 서부영화에 나오는 개척시대의 모습과 흡사했다.

나는 이곳에서 하루를 보내고 싶었지만 민감한 중국 산업단지에서 눈총을 받는 외국인인지라 빨리 자리를 뜨는 것이 좋다고 생각했다. 중국 원유 생산기지를 뒤로한 탐험대는 고개를 넘어 차다분지에 도착했다. 이곳에는 세계 최대 규모의 염호군에 속하는 루차커, 찰이한, 커커 호수가 연이어 펼쳐졌다. 이를 마주한 탐험대는 그 규모에 놀라지 않을 수 없었다. 나는 삭막한 고원지대에 염호를 만든 자연의 섭리에 감격하고 있었다.

이 호수들은 5천만 년 전 터티스해라는 바다였지만 지구 남쪽에서 이동해온 인도 지각판이 유라시아판과 충돌하면서 지각이 상승해 치솟은 땅이다. 이 과정에서 움푹 파인 해저 지형은 호수로 변했다. 차다분지의 면적은 6만㎢이며, 이중 염호의 면적은 1,500㎢에 이른다. 분지에는 3~4m 두께의 소금이 매장되어 있다. 총 매장량은 중국 13억 인구가 만년 동안 먹고도 남을 양이다. 티베트의 암염(巖鹽)을 합치면 그 양은 상상을 초월한다. 현재 찰한 염호까지 철도가 개설되어 있다. 이곳의 소금은 연일 굴착기로 퍼올리고 있다.

나는 칭하이성의 거대한 유형의 자원을 생각하면서 거얼무에 도착했다. 인구 20만 명이 사는 대도시인 이곳은 칭장철도가 경유하는 교통의 요충지다. 이곳에서 하루를 보낸 탐험대는 다음날 나츠타이(納赤臺)를 거쳐 쿤룬산구(崑崙山口·4,720m)에 도착했다. 쿤룬산맥의 시작을 알리는 고개에 서니 소년 시절 스승님이 "옥배에 술을 담아 마시고 타클라마칸 사막을 넘어 쿤룬산에 올라 포부를 펴라"던 말씀이 떠올라 뭉클했다. 인생의 황혼기에 겨우 쿤룬산에 섰으니 너무 늦은 것은 아닌지 감회가 새로웠다.

유구한 세월 동안 실크로드는 여러 노선으로 분화되었다. 이곳 쿤룬산 노선은 란저우 또는 청두에서 시작하여 난장으로 진입한 뒤 루어창-체머-허텐을 거쳐 카슈가르에 이르는 길이다. 그 중심에 있는 쿤룬산구는 중국 본토와 티베트를 가르는 상징적인 고개다. 한족이 서쪽 오랑캐를 낮춰 부르는 서융의 경계이기도 하다.

어느덧 쿤룬산맥에 노을이 물들기 시작했다. 고개에서 바라보는 낙조와 장대한 산맥의 아름다움은 말로 표현할 수 없을 정도다. 언제 다시 이곳에 올 수 있을까! 나에게 장대한 기상을 심어준 쿤룬산맥과 아쉬운 작별을 고한 후 갈 길을 재촉한 나는 밤 11시가 돼서야 퉈퉈허에 도착했다.

중국 대륙을 서에서 동으로 횡단하는 창장(양쯔강)의 원류 도시에서 하루를 보낸 탐험대는 다음날 창장으로 나섰다. '창장제일교'라고 새겨진 다리에 서서 바라보니 멀리 탕구라산맥에서 시작한 한 줄기 하천이 흘러 이곳으로 이어지고 있었다. 이 작은 하천이 여러 물길을 흡수하며 대하(大河)로 변해 중국 대륙의 젖줄 역할을 한다고 생각하니 위대함의 시작은 평범함으로부터였다는 어느 시인의 말이 떠올라 숙연했다.

중국 문명의 발상지를 뒤로한 우리는 420km 거리의 나취(那曲)로 향했다. 탕구라산맥(唐古拉山口·5,220m)을 넘으며 이끼류 식물 한 종을 수집했다. 오후에 도착한 나취는 대도시로 라싸로 이어지는 교통의 요충지였다. 이곳에서 라싸로 가는 길은 아리고원과 창탕고원, 칭장공로, 헤이창공로, 그리고 몇 년 전 열린 칭장열차까지 다양하다.

길이 이곳으로 모이다 보니 이 도시의 발전 속도는 굉장히 빨랐다. 해발고도 4,500m가 넘는 고원도시에서 하루를 지낸 탐험대는 7월 12일 이른 아침 라싸를 향해 출발했다. 이전 도로와 다르게 잘 포장된 길을 따라 고원을 가로지르는 기분은 무어라 설명할 수 없을 정도로 감격스러웠다. 창밖으로는 야생 당나귀들과 양떼가 초원을 한가로이 누비고 있었으며, 하늘에는 독수리가 상승기류를 찾아 이리저리 헤매고 있었다. 마치 시간의 움직임이 멈춘 듯한 원시의 풍경을 감상하는 사이 우리는 어느덧 티베트의 심장 라싸에 도착했다.

홀리데이인 호텔에 여장을 풀고 오랜만에 몸을 씻으니 심신이 개운했다. 저녁을 티베트 음식과 양식을 겸한 뷔페로 해결하니 그동안 고산병과 싸우며 긴 여정을 무탈하게 마치고 라싸에 도착한 것을 하나님에게 감사했다.

저녁 후 한 대원은 사업상 먼저 귀국하겠다고 했고, 시안(西安)부터 우리를 안내한 가이드 역시 이제 돌아가겠다고 했다. 하지만 나의 이번 탐험 목적은 티베트의 희귀 꽃을 찾는 것이었다. 이곳에서 여정을 접을 수 없는 이유였다.

다음날 오전, 포탈라궁을 관람하고 오후에는 파조제 거리에 나섰다. 시장은 순례자들로 붐볐다. 호텔로 돌아온 나는 중대 결정을 해야 했다. 일행들과 함께 돌아가느냐, 아니면 홀로 남아 탐험을 완수하느냐.

초여름임에도 잔설이 남아 있는 쿤룬산구

성산 카일라스
티베트인들의 순례인생

1995년 여름 산악인 곽귀훈, 이승원, 신덕영씨와 쿤룬산맥을 넘어서 아리(阿里)고원에 진입했다. 이때 즈러푸 계곡의 상부에 올라 성산 카일라스(Kailas·6,714m)와 처음 대면했다. 이후에도 나는 도윤스님, 이승원, 도춘길, 신덕영씨와 옛구게왕국으로 행하던 도중 어느 고갯마루에 서서 성산을 다시 바라보았다. 연접할 때마다 신성한 기운을 내뿜는 성산의 신비로움에 이끌린 나는 2010년 결국 카일라스행을 결정했다.

라싸에 도착해 변경지역 여행 수속을 마친 우리는 지프형 차를 빌려 길을 나섰다. 티베트 사람들은 이 산을 우주의 중심으로 여긴다. 해와 달이 이 산을 중심으로 돌고 있다고도 주장한다. 이는 우주의 구조론에 기인한 전설로, 고대 인도에서 대두된 학설이다. 5세기 인도 구사론의 기록에 의하면 '수미산(카일라스)은 히말라야산맥 뒤편에 우뚝 솟아 있고, 이 산에서 발원한 강은 사막의 오아시스라는 뜻의 무열뇌지(無熱惱池)로 불린다. 카일라스에서 발원한 4개의 강이 인도 대륙을 적신다'고 적혀 있다.

티베트인들은 카일라스를 눈의 존자 즉, 강린포체라고 부른다. 불교에서는 수미산(須彌山) 또는 만다라(曼茶羅)라고 한다. 신산의 산세는 우람하며 성인이 단정하게 앉아 있는 형상이다. 주위의 산들은 마치 군신처럼 신산을 향해 머리를 숙인 듯이 주변에

성산 카일라스의 발치에 들었다. 상부는 구름에 가려 모습을 감추었다

산재한다. 이 산이 더욱 성스
러움을 더하는 이유는 수많
은 당대 고승들이 이곳에서
수행했기 때문이다. 이는 비
단 불교뿐 아니라 힌두교, 라
마교, 뵌교 등 4대 종교 모두
에 해당한다. 티베트와 연접
한 중국, 네팔, 인도, 부탄에
서 많은 순례자가 이 산으로

순례 중 발견한 국화과 식물

성지 순례를 나서는 이유이
기도 하다.

　더욱 놀라운 건 카일라스에서 아시아의 4대 대하(大河)가 발원한다는 것이다. 각 발
원지의 샘의 모양은 말, 사자, 코끼리, 공작새를 닮았다고 하여 마첸허, 스첸허, 상첸허,
쿵초허라고 불린다. 마첸허는 말의 입을 닮은 샘에서 물이 흘러나온다고 해서 붙은 이
름이다. 물은 티베트 동쪽으로 흘러 얄룽창포가 된다. 남체바르와 협곡을 돌아 인도
로 들어서면서 인도명 브라마푸투라강으로 불린다. 길이는 3,840km에 이른다.

　쿵초허는 공작새를 닮은 곳에서 발원한다고 하여 붙은 이름이다. 인도명 갠지스다.
발원지에서 남쪽으로 흐르다가 인도의 성지 바라나시를 거쳐 동진해 인도양으로 흘러
든다. 수트레지강은 수미산 서쪽으로 흐르고, 인더스강은 파키스탄을 관통해 아라비
아 해로 유입된다. 4대강은 문명의 탄생지다. 인류는 이 강들의 유역에 정착해 농사를
짓고 가축을 키우며 문명을 일으켰다. 그 근원을 다시 강조하자면 바로 카일라스다.

즈러푸에서의 야영. 밤새 비가 천막을 두드렸다

순례의 시발점인 다루첸에 순례자들이 모인다

성호에서 낚시한 이유는?

신산은 피라미드 형상으로 중량감이 넘치는 고고한 독립봉이다. 주변 산군과 비교해도 유별나게 우뚝 솟아 있어 장엄하다. 산 정상부에는 4~5개의 암층이 십자 형태로 교차하면서 卍자를 만들었다. 신비하다. 힌두교에서는 카일라스에 신이 거처한다고 믿고, 산의 모양을 커다란 남근으로 해석한다.

카일라스의 눈 녹은 물은 마나사로바와 라앙초로 흘러든다. 성산에서 기원한 물이니 이들 호수 역시 성호로 추앙받는다. 마나사로바 호수의 둘레는 100km이며, 호수면의 해발높이는 4,588m에 이른다. 수심은 가장 깊은 곳이 70m이고, 호수 주위에는 8개의 사원이 산재한다. 그 첫 번째 사원이 추그스다. 동서남북으로 4개의 욕문(浴門)이 있는데, 순례자들은 호수를 돌면서 마음에 드는 욕문에서 몸과 오욕(탐욕, 어리석음, 게으름, 질투, 분노)을 씻고 정화된 마음으로 수미산 순례에 나선다.

나는 항상 티베트에 갈 때면 낚싯대를 휴대했다. 이는 티베트의 여러 호수에 어떤 어류가 사는지를 알고자 함이었다. 어느 해 여름 마나사로바 호수에서 이승원, 신덕영 씨와 함께 호수에 낚시를 던졌다. 숭어처럼 생긴 고기가 속속 걸려들었다. 이 모습을 본 호수 관리인이 급하게 우리에게 달려와 성호에서는 낚시를 금지한다며 더는 고기를 잡지 못하게 했다. 전해들은 이야기로는 이 호수의 물고기를 먹으면 임신하지 못하는 여인이 아기를 갖게 되고, 몸이 허약한 사람은 원기를 회복한다고 한다. 숙소로 돌아온 일행은 그 날 저녁 잡은 물고기를 끓여 먹었다. 다음날 일어나보니 모두 기운이 솟고 정신이 맑아졌다고 말한다.

티베트인들은 카일라스 산을 한 바퀴 돌면 일생의 죄업이 사면되고, 10번 돌면 지옥에 떨어지는 것을 면하며, 100번 돌면 성불하게 된다고 믿는다. 그러기에 이 산을 순례하는 게 일생의 목표다. 카일라스 산록에는 숙박이 가능한 다루첸이 있다. 많은 순례자가 이곳을 기점으로 순례에 나선다.

카일라스의 일주 거리는 52km다. 코스에 따라 1박2일에서 3박4일이 걸린다. 순례

티베트인들이 신성시 하는 불탑

자들 대부분은 티베트와 인도 사람이며 간혹 네팔인도 있다. 이들이 순례에 나서는
건 성산에서 자애를 얻어 인생의 번뇌를 씻기 위함이다. 얼마 전까지만 해도 라싸에서
다루첸까지 가려면 6일이 소요되었는데, 2010년 가을 길이 뚫리자 3일이면 족했다.

옛날 다루첸에는 숙박할 수 있는 집이 하나뿐이었는데 지금은 관광지화됐다. 나는
이곳에서 하루를 묵은 후 카일라스 순례의 관문인 즈러푸 계곡으로 올랐다. 중턱에는
천막이 2개 있었고 160여 명의 순례자가 출발 준비에 여념이 없었다. 이들 중에는 말을
타고 가는 노인과 어린이도 있었다. 나는 마방들의 뒤를 따라서 다시 계곡을 올랐다.

카일라스는 정면과 남면 모두 구름에 가려 모습을 드러내지 않았다. 반나절이 지나
니 남면의 하부가 겨우 보이기 시작했다. 라주 하천을 끼고 오르면서 사진을 찍었다.
오후 4시가 돼서야 야영지 즈러푸에 도착했다. 이곳에는 벽돌집과 천막 6동이 있었
는데 순례자들은 노두 천막에 들어가 휴식을 취했다. 나는 카일라스의 서면이 보이는
언덕에 올라 텐트를 치고 서울에서 가지고 온 쌀로 밥을 지어 먹은 뒤 잠을 청했다. 밤

중에 비가 내렸다. 천막을 두드리는 빗소리에 잠을 이룰 수가 없었다.

새벽에 일어나 보니 순례자들은 출발 준비를 하고 있었다. 그들과 함께 넓은 계곡 옆으로 난 길을 따라서 올랐다. 구름에 잠겨 산이 보이지 않자 나는 시선을 내려 고산 식물을 찾아보았다. 아레나리아 한 종과 바위구절초 두 종을 수집했다. 도르마 고개 (5,360m)는 순탄한 편이었으나 고도가 높아서 힘들었다. 60대쯤으로 보이는 한 인도 여인이 다가와 지팡이를 달라기에 주었다. 도르마 고개는 순례자들이 인생의 번뇌를 씻고 순례하는 상직적인 곳이다. 정상에는 마니투에이(돌무더기)가 몇 군 데 있었는데 각각의 돌들에는 티베트어로 경전이 새겨져 있다. 돌무더기 위로는 순례자들이 달아 놓은 타르초가 바람에 춤을 추었다. 순례자들은 이곳에서 가슴에 품고 온 타르초를 정성스럽게 마니투에이나 나무기둥에 걸어 두고 수미산에 머리 숙여 기도한다. 어렵게 찾아온 이곳이기에 참으로 정성을 드리는 것이다.

기도를 마친 이들은 번뇌를 씻고 자비를 얻은 듯 홀가분한 걸음으로 다르첸으로 하산했다. 카일라스 순례를 보며 티베트인들은 순례를 통해 인생의 번뇌를 정화시킨다는 것을 알 수 있었다. 세상을 사는 동안 알게 모르게 도리에 어긋나는 일에 매여 사는 사람들이 그 업을 깨끗이 씻고 정화할 수 있는 곳이 바로 카일라스다.

설신(雪神)의 꽃 설련화를 찾아서
히말라야 연구의 폭과 깊이 넓히려 시작한 꽃 탐험

1993년 7월, 칭하이성(青海省) 거얼무에서 출발해 라싸에 도착한 나는 중대한 결정을 내려야 했다. 일행들과 헤어져 홀로 티베트고원의 꽃을 찾아보기로 결심한 것이다. 이후 나는 한 달 동안 서부 티베트의 고원을 탐험하며 희귀한 꽃들을 사진에 담았다.

한국으로 돌아온 후 사진을 현상하던 중 나는 메코노프시스의 아름다움에 매료되었다. 이때 다짐했다. 티베트에 자생하는 꽃들을 모두 수집하기로···. 문제는 학명이었다. 세계에서 히말라야 식물을 연구하는 학자가 그리 많지 않은 까닭에 꽃을 수집한들 이름을 알 방법이 없었다. 다행히 히말라야 식물전문가가 우리나라에도 한 분 계셨다. 스웨덴의 웁살라대학교에서 히말라야 식물을 연구한 경희대학교 생물학과의 홍석표 교수였다.

그동안 수집한 자료를 들고 홍 교수의 연구실을 방문했다. 그는 메코노프시스 사진을 보더니 크게 반가워하며 그 자리에서 종을 분류하고 학명을 기록했다. 티베트 꽃 탐험의 걸림돌이 해결된 것이었다. 이후 나는 희귀한 꽃을 찾아 티베트의 산과 들을 누볐다. 이는 단순히 개인적인 호기심의 충족을 위한 행동이 아니었다. 세계의 지붕 히말라야 연구의 폭과 깊이를 넓히려는 의도에서였다.

설신의 꽃 설련화 해발 4,300m 촬영

티베트고원의 숨겨진 보물 같은 꽃들을 찾아냈을 때의 환희는 등산과는 또 다른 감흥으로 다가왔다. 내가 수집한 많은 자료 중에는 듣도 보도 못한 티베트 고유종도 상당수였다. 사진과 자료, 심지어는 채집한 식물을 들고 라싸대학을 찾아 츠렌자초 교수에게 자문하기도 했다. 그는 앉은 자리에서 내게 학명을 써주며 말했다. "티베트의 면적은 122만㎢이고 6개의 행정지구가 있는데, 라싸 지구만 학술조사가 이루어졌다. 라싸 지역을 제외한 티베트 거의 전역이 학술조사가 이루어지지 않은 상태다." 그의 말에 충격을 받은 나는 세계적으로도 미개척 분야인 티베트 식물 연구에 매진하기로 했다. 츠렌자초 교수에게 어디로 가면 티베트의 고유한 식물을 볼 수 있느냐고 물었다. 그는 써지라산과 쉐구라산으로 가보라고 했다.

티베트의 꽃을 찾아 나서다

2004년 9월, 라싸에서 340km 떨어진 써지라산을 찾아갔다. 4,000m 고도에 이르러 차를 세웠다. 무심히 산정 부근을 바라보던 나는 검은 색으로 보이는 작은 식물이 말뚝같이 솟아 군락을 이루고 있는 것을 목격했다. 그 식물을 바라보면서 능선을 올라 바위들이 산재한 지역에 이르렀다. 바위틈에는 이름 모를 고산 식물이 자생하고 있었는데, 그 중 설련화가 보였다. 난생 처음 보는 설련화! 티베트인들이 설신(雪神)의 꽃으로 불리는 바로 그 꽃을 비로소 찾은 것이다.

주체할 수 없는 기쁨에 카메라 셔터를 연방 누른 후 정신을 가다듬고 보니, 검은 색으로 보였던 작은 식물이 설련화와 쌍벽을 이루는 레옴노빌레였다. 멀리서 보았을 때 검은 색이었지만 근접해서 보니 홍색, 황금색 등으로 색이 다양했다. 시야가 넓어지자 나는 비로소 깨달았다. 이곳이 군락지라는 것을…. 세상 어느 곳에서 이런 레옴노빌레 꽃밭을 볼 수 있으랴! 나는 감격했다. 이 꽃의 자생지는 낭가파르바트 북동쪽 산계, 써지라산, 시킴 히말라야, 부탄 히말라야 등 일부 지역에서만 볼 수 있기 때문이다. 이곳 써지라산의 경우 해발 4,400~4,800m의 암석지대의 습한 곳에서만 자생하는 이 꽃

약으로도 쓰이는 설련화가 써지라산의 돌 틈 사이 탐스럽게 피었다

설신의 꽃으로 불리는 설련화. 티베트 아퉁 지역에서 촬영했다

티베트의 설련화. 세계에서 가장 높은 고도에 서식하는 식물이다

의 키는 150cm이며, 큰 것은 230cm에 이른다.

은은한 향기가 있는 레음노빌레의 특징은 포엽이다. 잎의 지름은 17cm 정도이고 형태는 둥글며 황갈색을 띤다. 티베트 고산지대는 낮과 밤의 기온차가 커서 곤충들은 꽃잎 속에서 밤을 지내고 낮에는 화분을 나른다. 레음노빌레의 번식도 곤충들에 의해서다. 이른 봄 새싹이 나올 때 잎은 붉은 색이다. 여름에는 배춧잎처럼 푸르고, 가을에는 연한 분홍색 또는 홍색으로 물든다. 유목민들은 여름에 잎을 따서 식용으로 먹는다.

레음노빌레에 관심이 깊어진 나는 이 꽃의 성장 과정을 관찰하기 위하여 여러 차례 티베트를 들고나며 써지라산에 자생하는 봄, 여름, 가을, 늦가을을 가리지 않고 기록했다. 좋아하면 보이는 이치대로 레음노빌레에 대한 깊이 있는 학식이 시나브로 쌓였다. 세계에서 가장 높은 곳에 서식하는 이 꽃은 다른 꽃들과 달리 혹독한 자연조건을 이기고 망울을 터트린다.

한편, 눈 속에서 꽃을 피우는 설련화는 은구(銀球)처럼 둥글다. 어떤 종은 타원형의 솔방울 형태를 보이기도 한다. 설련화의 특징은 고산 기후에 적응할 수 있도록 솜털이 많다는 것이다. 이 털은 목화보다 더 부드럽다. 설련화는 크기에 따라 꽃방이 40~60개에 이른다.

나는 써지라산 일대에서 설련화 세 송이를 채집했다. 그 중 가장 큰 것은 26cm 정도였으며 꽃의 지름은 12cm에 이르렀다. 잎은 화서(花序)에서 170개 정도였고, 길이는 6~10cm였다. 잎에는 수천 개의 솜털이 나 있었다. 이 꽃이 신비스러운 또 다른 이유는 해가 뜨면 화서를 덮고 있는 흰 솜털이 열을 받아들이기 위해 일어나며, 해가 지면 화서를 감싸는 점 때문이다. 이는 한기와 수분 증발을 막기 위해서다. 종자는 가을에 결실하며 화서의 크기에 따라 500~1,000개 정도가 달린다.

종자에는 관모가 있어 먼 곳으로 날아가 정착할 수 있다. 그러나 기온과 고도, 식생이 틀리면 꽃을 피우지 못한다. 인간이 헤아릴 수 없는 심오함이 깃들어 있다. 티베트 사람들은 이 꽃을 설산의 삼보(三寶) 중 하나로 여기며 메이토캉라라고 부른다. 설련화는 티베트를 대표하는 최고의 꽃이자 티베트 정신의 상징이기도 하다.

이 꽃은 각종 질병을 치료하는 약재로 사용된다. 백혈병과 피부암, 그리고 만성 기관지염, 천식 등의 치료에 효능이 있다. 하나 독성이 커서 구토와 장이 마비되는 부작용이 나타나기도 한다.

나는 써지라산에서 처음 설련화를 보았을 때 예사 식물이 아니라는 것을 직감했으며, 꽃 이상의 의미를 느꼈다. 티베트에는 20여 종의 설련화가 있다고 한다. 이는 단지 추정이지 정확하게 몇 종이 자생하는지는 아무도 모른다.

1997년 6월, 제1차 무인구 탐험 당시 나는 쌍후(雙湖) 인근의 안어산(5,400m)에서 특이한 설련화를 발견했다. 1998년에는 나무초로 가기 위해 반드시 넘어야 하는 라켄라(5,400m) 고개에서도 설련화를 보았다. 그리고 그 해 늦가을 니라누의 아퉁(亞東) 지역 5,000m 고도에서 설련화를 대량으로 채집했다. 이때 나는 지역에 따라 모양이 다른 설련화를 보면서 아직 세상에 이름이 알려지지 않은 설련화가 있음을 직감했다. 그리고 다짐했다. 그 꽃을 찾아보리라.

티베트 써지라산 산록에서 삶을 꾸려가는 원주민들과의 만남은 언제나 즐겁다

메코노프시스 일종. 쉐구라산 해발 5,200m

메코노프시스 일종

히말라야의 여왕처럼 빛나는 꽃 메코노프시스
레움 노빌레 · 설련화…설신(雪神)의 화원이 바로 여기

1999년 9월, 티베트에 자생하는 꽃 탐사에 본격적으로 나서기로 결정한 나는 라싸대학교의 츠렌 교수가 추천한 쉐구라산(雪古拉山·5,300m)을 그 대상지로 삼았다. 라싸를 출발 당슁을 거쳐 라켄라 고개를 넘어 티베트 최대 짠물 호수인 나무초(納木錯)로 이어졌다. 고원의 바다로 불리는 이 호수의 면적은 1,940㎢이고, 해발고도는 4,756m에 이른다. 발치에 서고 보니 고원의 바다라는 말을 비로소 실감했다.

이곳에 외지인이 도래한 때는 1907년의 일이다. 스웨덴의 스벤 헤딘 박사는 티베트 중심부 진입을 위해 라마교 순례자로 변장하고 네 번째 탐험에 나섰다. 하지만 라싸 인근에서 현지인들에게 탐험을 저지당한 그는 신장웨이우월자치구로 강제추방을 통보받았다. 귀로에 라켄라 고개 정상에 올라 거대한 호수와 마주한 그는 "어느 곳과도 비교할 수 없는 아름다운 절경 속에 사는 티베트 사람들은 세상에서 가장 행복한 사람들이다"라고 나무초 호수의 아름다움을 극찬했다.

이 성호(聖湖)를 더욱 신비롭게 하는 건 호수에서 용(龍)을 보았다는 목격담이 전해지면서부터였다. 유목민들에 의하면 1990년 8월22일, 구름 한 점 없던 정오쯤 갑자기 호수에 풍랑이 일더니 두 개의 물기둥이 치솟았다고 한다. 그 물기둥 안에는 황룡과

고산식물 중 가장 아름답다는 메코노프시스 죄촐라 파스에서 발견 해발 4,900m 촬영

흑룡이 있었는데 황룡은 호수를 몇 번 선회한 후 승천했고, 흑룡은 호수로 다시 돌아왔다고 한다. 당최 믿기지 않는 전설 같은 이야기는 호수 북쪽에 사는 유목민들 사이에서도 전해 내려오고 있었다. 호반 인근에 금사발광세사(金沙發光細沙)라는 모래가 있는데, 이 모래를 한두 알만 먹으면 모든 병이 치유된다는 전설이 있는데 지금은 찾아볼 수 없다.

호수 인근 암벽에는 말, 사슴, 태양, 그리고 유목민이 가축을 방목하는 모습 등을 그린 암각화가 있었다. 특이한 점은 검은 색, 홍색, 은색 등의 색을 입혔다는 것. 고대에 어떤 방법으로 광물질에서 저런 천연색을 추출했는지 불가사의한 일이 아닐 수 없었다.

나무초의 유목민들은 주로 양을 방목하며 사는데, 양의 해가 되면 열흘간 호수를 한 바퀴 돌며 무사안녕을 기원한다고 한다. 그래서인지 호반에는 기묘한 모양의 합장

티베트 소년이 레움노빌레를 지켜보고 있다

석(合掌石)이 있었으며, 그 주변에는 고산초화가 아름답게 피어 있었다.

　나는 호반에 앉아 바다와 같이 넓은 호수를 바라보며 헤딘 박사와 티베트인들에 대해 생각해 보았다. 그러자 미지의 땅에 발을 들인 이의 도전정신과 인간이 살기 어려운 혹독한 자연환경을 이기고 삶의 터전을 이룬 사람들의 높은 정신이 또렷이 부각되었다. 그러자 존경과 경외심이 마음속에서부터 저절로 우러나왔다.

핑크색 히말라야의 여왕

　나무초에서 잠시 휴식을 가진 나는 쉐구라산으로 다시 길을 나섰다. 이번 탐험의 목적은 이 산에서만 자생하는 메코노프시스(Meconopsis)를 찾아보기 위해서였다. 반나절을 달려 고개 정상에 선 나는 하행하면서 꽃을 찾았다. 5,100m 지점에 이르렀을

써지라산에서 세계 최초로 발견한 하늘색 메크노프시스

때 나는 돌 틈에서 희귀식물인 핑크색 메코노프시스를 발견했다. 처음 보는 핑크색 메코노프시스에 할 말을 잃었다. 마치 자연의 보석을 발견한 듯한 기분이었다.

뜻밖의 성과를 기록한 나는 타이창고원과 시두어라산으로 가기 위해 린즈로 갔다. 그것에는 거목 군락지가 있었다. 마을에 도착하니 산 밑으로 울창한 측백나무숲이 나타났다. 군데군데 거목들이 서 있는데 그중에 과연 "아~" 하고 탄성이 나올 정도로 하늘을 찌를 듯한 수령 2,600년에 이르는 거목들이 우뚝 솟아있었다. 높이 50m, 둘레 18m에 이르는 대단히 장수한 나무도 있었다. 우리나라 용문산 은행나무의 수령은 근 1,100년이다. 그런데 이곳의 거목은 아직도 수세가 왕성한 것으로 보아 1,000년은 더 살 수 있을 것 같았다. 관리인에게 물으니 이곳에는 수령 2,000~2,500년 된 거목이 많으며 이는 모두 이곳의 독특한 기후와 토양 조건 때문이라고 설명했다. 1,000년 후 이곳을 지나는 객들은 이 나무를 보고 무어라고 말할까. 길을 재촉하며 써지라산으로 올라갔다.

핑크색 메코노프시스. 히말라야의 여왕으로 불린다

　능선을 따라 등행을 시작한 나는 4,800m 지역 산비탈에서 메코노프시스 4포기가 가지런히 피어있는 것을 발견했다. 색깔이 신비스러울 정도로 아름다워서 눈을 돌릴 수가 없었다. 일찍이 영국 왕실 산하 지질학회가 부탄 히말라야에서 이 꽃을 발견했는데, 세계 고산 식물 중에서 제일 아름다운 꽃이라 불렀다. 이 꽃은 일년초화로 티베트에는 10여 종이 자생한다는데 나는 지금까지 8종류를 수록했다.

　다시 산등성이를 오르는데 사면 곳곳에 레움 노빌레(Rheum nobile)가 마치 군왕처럼 우뚝 서 있었다. 이 꽃 역시 일년생 화초로 6월부터 가을까지 넉 달에 걸쳐 적막한 고산에서 화사한 모습을 보여준다. 키는 230cm 정도로 티베트 고산식물 중에서 제일 크다. 밑부분은 녹색이고 포엽은 황색이다. 포엽은 가을에는 붉은 색이 된다. 이 식물의 특징은 포엽 속 대궁에 꽃이 달려있으며 포엽은 온실 역할을 한다.

　티베트의 해발 4,700m 이상의 기온은 영상 2~3℃이며 때로는 영하로 내려간다. 곤충들은 포엽 속 아늑하고 향기 나는, 밀원이 많은 곳에서 잠을 자고 낮에는 밖에 나와

린즈의 거목 군락지 앞에서 포즈를 취한 필자

화분을 나른다. 곤충과 꽃이 공존하는 것이다. 유목민들은 산중에서 갈증이 나면 이 식물을 뜯어 먹는다. 나도 싱싱한 꽃잎을 뜯어먹었는데 시큼하면서도 뒷맛이 좋았다.

설련화(雪蓮花)를 찾아 산등성이를 오르내리며 헤매는데 4,850m 지대에서 마침내 설련화 3포기를 발견했다. 이 꽃은 해발 4,800m에서부터 해발 6,000m까지 자생한다. 모든 식물은 비옥하고 온화한 바람이 부는 동산에 정착하는데 이 식물은 찬바람과 눈하고는 떨어질 수 없는 인연이 있나보다.

어떤 것은 영구히 녹지 않는 동토에 또는 바위틈에 자생한다. 겉모습만으로도 눈 덮인 벌판에 잘 어울린다. 온몸을 부드러운 솜털이 감싸고 있어 자태가 아름답다. 혹한의 환경에서 초연한 모습으로 생존하는 모습은 꽃 이상의 의미를 느낄 수 있다. 티베트에서는 이 꽃을 설신의 꽃이라고 한다. 이곳에서 발견한 꽃이 크기는 키 31cm, 폭은 18cm였다.

티베트의 여름은 천연의 화원이다. 티베트에서 칭하이성과 쓰촨성 가는 길, 수천 km에 이르는 산과 고원, 하천 등지는 야생화로 가득했다. 마치 천계를 걷는 것 같았다. 칭하이성의 타이창지역 어느 산협이었다. 그곳은 온산 전체가 황색 꽃으로 덮여 있었다. 참으로 놀라웠다. 바쁜 걸음으로 하천을 건너 산 밑으로 달려갔다. 바라보니 그것은 황색 메코노프시스였다. 수를 헤아릴 수도 없다. 근 20년 동안 티베트 방방곡곡을 다녔지만 이토록 산 전체가 한 가지 종류의 꽃으로 뒤덮여 있는 곳은 처음이다. 참으로 대자연의 신비스러운 장관이었다.

사우수레아 오브발라타. 국화과

5

내 인생의 전부를 쏟아 부었던
무인구!

내 인생의 전부를 쏟아 부었던 무인구!

티베트 탐험 18년만에 진입한 시공을 초월한 공간

토번왕국시대는 외국인이 티베트에 들어가면 침입자로 죽이거나 발목에 쇠고랑을 채워 추방했다. 침입자는 히말라야산맥을 넘지 못하고 죽어갔다. 근대에 들어 티베트에 최초로 들어간 사람은 일본인 가와구지 에이가이(河口慧海)다. 그는 불경을 구하러 라마승으로 변장하고 라싸에 침입했으나 1년 동안 생활하다가 발각되어 추방되었다.

그리고 스웨덴의 탐험가 헤딘 박사. 그는 1902년부터 1907년까지 루란, 노푸놀호수, 고고노루호수, 그리고 티베트를 세 차례 탐험했다. 1937년에는 일본인 하세가와 덴지로가 티베트에 들어갔으며, 제2차 세계대전 당시에는 러시아의 푸루첼스키와 일본인 기무라, 그리고 오스트리아의 하인리히 하러, 1954년에는 스위스의 웨스갓 등이 들어갔다. 그리고 한국인으로는 우리가 처음이다.

1988년 여름 어느 날, 박영배씨가 찾아와서 "선생님, 소식 들으셨어요? 중국이 티베트를 개방했다고 합니다"라고 말했다. 박영배씨는 흥분해 있었다. 그로부터 8년 후인 1996년 여름, 라싸대학 방문시 대학 총장으로부터 다음과 같은 놀랍고도 경이로운 얘기를 들었다.

"박 교수, 장북고원에는 창탕(羌塘)고원이 있으며 그 북쪽으로 무인구(無人區) 지대가 있어요. 면적은 20만㎢이고 평균 해발고도는 5,000m입니다. 지금도 사람이 살지 않으며 내세에도 누구도 뛰어들지 못합니다."

그 말을 듣는 순간 가슴이 마구 뛰었다. 지구의 2곳의 극이 탐사되었는데 아직도 감춰진 무인구가 남아 있다니. 그곳은 내가 탐험하리라 결심하고 총장님께 "我希望我要去(나는 가고 싶다)"라고 했다. 그러자 그는 "無人區是地球第三極的三極國家區的地方不可(무인구는 지구 제3극의 극지이며 국가 금지구역이므로 갈 수 없습니다)"라고 했다.

나는 라싸대학을 나서면서 무인구는 어떠한 곳일까 신비하게 생각하면서 내가 무인구를 개척하고 탐험하리라 결심했다. 그리고 1997년부터 무인구 도전을 시도했다. 나는 무인구로 들어가기 위해 후(雙湖)에서 다섯 차례, 룽마(繊)에서 네 차례, 루구(魯谷)에서 한 차례 시도했으나 성사하지 못했다. 그곳은 국가금지지역으로 들어갈 수 없으며, 설사 잠입해도 여름에는 설산의 빙설 녹은 물이 계절성 강이 되어 흐르고 고원은 질펀한 습지지대가 형성되어 걸을 수도 차가 다닐 수도 없는 곳이다.

그런데 무인구가 시작되는 지점인 룽마에서 9km 들어가면 말커차카(瑪爾果茶)라는 호수가 있는데 호반에는 유일하게 유목민 한 집이 있어 나는 그 집에 머물면서 무인구 소식을 들으며 무인구 진입을 시도했었다.

시간이 멈춘다는 무인구로

그들에 의하면 무인구는 신비한 곳이었다. 무인구에는 장서깡르산맥과 서우깡르산맥이 있는데, 두 산맥 사이의 분지에 이르면 모든 기기(器機)가 정지된다고 한다. 시계도 멈추고 라디오도 정지되고 자동차의 시동이 꺼진다는 것이다. 또, 무인구의 어느 호수는 물을 마시면 온몸에 붉은 반점이 생긴다고 한다. 과연 그곳은 어떤 곳일까?

나는 2007년 5월 초, 영양들이 이동하는 모습을 보려고 장서깡르산맥을 따라 약 160km 진출했는데 폭설이 내려 양떼 이동을 보지 못하고 돌아오는 길에 자주 다니는 말커차카 호반 집으로 갔다. 그런데 호반 집 아주머니가 다급한 목소리로 오늘 아

무인구의 비경. 시공을 초월한 공간 무인구

멀리보이는 지즈산. 6,371m

침 순찰대가 우루차카(鳥如茶)로 갔는데 돌아올 시각이라고 알려주었다.

지체할 수 없어 돌아설 수밖에 없었다. 그 길로 무인구로 다시 들어가 행선지를 아얼산으로 정하고 황막한 고원을 280km 달려 아얼산 밑 어느 유목민 천막에서 자고 다시 3일을 달려 라싸로 돌아왔다.

이렇게 10년 동안 무인구에 미련을 못 버리고 쫓기면서 무모한 무인구 잠입 시도를 반복하며 괴로워하고 있는데, 뜻있는 곳에 길이 있다고 했던가, 반가운 소식이 전해왔다. 티베트자치구의 장북고원 과고단(藏北高原 科考團)에서 한중 국제학술조사 탐험대를 구성해 공동으로 무인구를 탐험하자는 제의였다. 그리고 베이징 공정원 원사 정금평(北京 工程院 院士 鄭錦平) 선생이 참가한다는 것이다. 참으로 반가운 소식이었다.

대원은 한국 측 1명, 중국 측 과학자 등 14명이다. 총경비는 9,000만 원이며 한국측에서 부담한다. 경비는 다행스럽게도 경희대학교와 노스페이스 후원으로 마련됐다.

이리하여 2007년 11월20일 티베트 라싸에 도착, 출발 준비에 바빴다. 무인구의 겨울은 폭설이 내리고 기온이 영하 30~40℃까지 떨어진다. 만일의 경우 폭설이 내리면 현지에서 월동해야 하므로 야크 두 마리를 준비하고 필요한 식량과 연료를 트럭 2대와 고산용 지프에 싣고 12월3일 라싸를 출발했다. 우리의 목표는 양후(羊湖·4,778m)이며 총거리는 4,600km다.

12월 5일 룽마에 도착, 유목민 집에서 자고, 다음날인 6일 드디어 그토록 소원하던 무인구로 들어갔다. 나는 무인구에 진입하면서 원시의 순수한 풍경에 "아! 무인구구나" 하고 소리쳤다. 천만 년 시공을 넘어온 무인구! 역사적으로 인적이 없는 미지의 땅 무인구! 세상 사람 그 누구도 밟지 않은 천혜의 대지(大地) 무인구에 세계 최초로 한국인이 발을 딛고 있는 것이다.

불어오는 바람소리도 원시의 바람소리요, 흙과 돌 하나에도 태초가 숨 쉬는 경건함이 깃들어 있었다. 하늘은 어찌 저리도 푸른가! 그리고 계절성 하천과 그 많은 호수! 신비의 고원 무인구였다. 나는 생각했다. 세상 사람 누구든 단 몇 분이라도 무인구의 풍경을 보았다면 평생 잊을 수 없는 순간이 될 것이라고. 그렇게 생각하니 나는 무한

무인구를 달리는 야생 야크

눈이 내렸다. 사륜구동 지프차도 힘들어 한다

히 행복했다.

다시 아득한 고원을 달리는데 야생 야크와 야생 당나귀들이 떼를 지어 달리고 있었다. 늑대는 탐사대가 사진 찍느라고 법석대는 데도 경계하지 않고 쳐다보고만 있었다. 지구에서 거의 자취를 감춘 시라소니가 있었다. 그 짐승도 사람들이 이상하게 보이는지 자동차 옆으로 다가와서 어슬렁거렸다. 그런데 곰은 사람을 보고는 도망쳤다. 참으로 내가 찍은 사진 속의 동물들은 너무도 순수했다.

참을 수 없이 터져 나오는 울음

나는 캠프를 전진하면서 밤이 되면 밖에 나가 주먹같이 큰 별들이 운행하는 밤하늘을 쳐다보았다. 별들이 잠깐 밝은 빛을 뿜으며 지평선으로 흘러갔다. 우리 인생도 저 별처럼 빛을 내고 간다면 얼마나 좋을까! 나는 오늘 한 대원이 주운 운석하나를 기념으로 받았다. 지름이 6cm 정도이고 원형이며 색깔은 신비한 붉은 색이었다.

12월8일. 아침 기온은 영하 30℃. 그러나 낮 기온은 영하 16℃까지 누그러졌다. 식사 후 우중하이(吳中海) 박사와 오늘 일정을 의논했다. 그는 3일이면 양후(羊湖)에 도착할 수 있다고 하였다. 우리는 장서깡르산맥을 따라 160km 진출해 캠프3를 설치했다.

12월9일. 아침 기온 영하 33℃. 입산 이후 혹한의 날씨. 천막 속의 무, 배추, 감자 등 모두 돌덩이가 되어 세 포대를 버렸다. 무인구는 깊이 들어갈수록 새로움의 연속이었다. 산은 풍화에 침식되어 구릉같이 둥그스름했다.

이곳 짐승들은 죽을 곳을 찾아 죽는 것인지 호반 아늑한 곳에는 짐승 주검이 널려 있었다. 기사들은 라싸에 가지고 가면 돈이 된다고 하며 야크 머리를 자르고 황양의 뿔을 수거했다.

캠프지 주변 건천(乾川)에서 유혈암(油頁巖)과 보석인 마노석(瑪瑙石)을 주웠다. 유혈암이 있는 것으로 보아 석유가 있을 것이다. 진(陳) 박사는, "이곳에는 철, 석유, 금, 마노석, 마그네슘, 석탄 등 많은 지하자원이 매장되어 있다"고 하면서 개발 가능성을 넌지시 비쳤다.

이번 탐험에서 초니(錯尼)호로 가는 도중에 어느 호반에서 검은 광맥이 2~3km 노출된 것을 목격했다. 니마츠렌(尼瑪次仁)에게 무슨 광맥이냐 물었더니 그의 대답은 "아 불아도(我不我道·나는 모른다)"라고 했다. 그는 티베트의 지리학자다. 모를 리 없었지만 그렇게 대답할 수밖에 없을 것 같았다. 무인구는 거대한 신천지 같은 곳이었다.

12월10일. 오늘은 양후로 가는 날이다. 양후는 무인구의 최북단에 위치해 있으며 멀지 않은 곳에 신강성(新疆省)의 경계선이 있으며, 곤륜산맥이 있다. 식사를 마친 뒤 지프를 타고 양후로 향했다. 거리는 140km. 우 박사는 차창 밖으로 펼쳐진 한 산을 가리키며 "저 산은 지즈(箕峙·6,371m)산"이라 했다. 지즈산에 아침 해가 솟아오르고 있었다. 산세가 유하여 캠프 하나만 전진시키면 등정이 가능하리라 생각되었다.

오후 2시16분 탐험대는 드디어 양후에 도착했다. 호수의 면적은 약 80㎢로 보였다. 태극기를 들고 꽁꽁 얼어 있는 호수로 내려갔다. 그리고 피켈에 내가 40년 동안 근무해 온 경희대학교 교기를 달아 높이 들었다. 중국 과학자들도 오성홍기(五星紅旗)를 들고 감격하고 있었다.

생각하면 티베트 탐험을 한 지도 어언 18년이 된다. 내 인생의 전부를 쏟아 부었던 무인구! 그 가혹한 자연에서 죽을 고비를 몇 번이나 넘겼던가! 역경과 숱한 시련과 고통, 그리고 무모한 잠입 또한 얼마였던가! 나는 참았던 눈물이 왈칵 쏟아져 태극기를 들고 얼음장에 앉아서 엉엉 울었다. 참을 수 없이 터져 나오는 울음이었다.

운전기사인 상게가 다가와서 위로하며 사진기를 건네준다. 나는 장북고원 무인구 횡단 기념으로 사진을 마구 찍었다. 그리고 하나님께 감사의 기도를 드렸다.

2007년 12월 10일 양후에 도착한 나는 피켈에 태극기와 경희대학교 교기를 달아 높이 들었다

하늘과 태고의 땅이 만나는 곳. 원시의 시간만이 존재하는 장서깡르 산맥 해발 5,700m 촬영

| 에필로그 |

장서깡르산맥 자락에서 필자

無人로에 서서

太初가 숨쉬는
西藏의 無人로

진공과 고원속인
秘境의 맑어하이가 湖水 펼쳐 있고
가슴 설레게 하는
雪蓮 피어 있네

世上 사람들
도원경 여기있다 저기있다 하지만
원시가 숨쉬고
들짐승 曠野를 달리는
여기는 하늘이 베푼 天界

나 오늘
꿈인양 無人로에서
긴 그림자 밟고
홀로 서 있네.

2002年 6月 13日
瑪旁果業犬 湖에서
다 鐵君

다시 무인구로
고원으로의 방랑

다시 무인구로

2008년 9월22일. 어렵게 허가를 받은 나는 무인구 초입 룽마에 도착했다. 2002년 이곳을 처음 찾을 당시 인가가 다섯 집에 불과했는데, 지금은 20호로 늘어 큰 마을이 되었다. 나는 이 마을에서 현지 안내인 두 명을 고용했는데, 한 사람은 샹페이, 또 한 명은 우투초마제였다. 이들과 함께 말커차카호로 향했다. 룽마에서 290km 떨어진 장서깡르(藏色崗日) 산역 탐사를 위해서였다.

자린산을 넘자 무인지대가 펼쳐졌다. 눈에 보이는 건 광활한 고원과 구릉 같은 설산 뿐이었다. 얼마를 달렸을까. 멀리 강탕(剛塘)호가 시야에 들어왔다. 안내원 우투초마제는 "이 호수는 염수호가 아님에도 영하 30~40도 가까이 떨어지는 혹한의 겨울에 얼지 않는다"고 넌지시 알려주었다.

호반에서 잠시 휴식을 취한 나는 다시 고원을 달려 말커차카호에 닿았다. 이곳만 지나면 영겁의 시간동안 사람의 발길이 닿지 않은 무인구였다. 한국인으로는 첫발을 들인다고 생각하니 절로 숙연해졌다. 들녘에는 야생동물들이 풀을 뜯다 말고 탐험대 차량을 신기한 듯 쳐다보았다.

태고의 신비를 간직한 말커차카호가 지척이다

잠시 후 갑자기 가이드는 "서우깡르산이 보인다!"고 소리쳤다. 고원에 선 설산은 비현실적으로 보였다. 이 산은 두 개 봉우리로 이루어져 있었는데 어느 것이 주봉인지 알 수 없었다. 최대한 설산 가까이 근접하기 위해 초원지대(5,500m)를 지나던 중 아레나리아의 일종인 희귀식물을 수집했다. 이번 탐사를 통해 얻은 가장 값진 소득이었다.

서우깡르산을 향해 고원을 달리던 차가 갑자기 멈춰섰다. 불길했다. 차에서 내려 살펴보니 커다란 습지가 길을 막고 있었다. 일행들이 건널 수 있는 지점을 찾아보았지만 만만한 곳이 없었다. 서우깡르산을 눈앞에 두고 후퇴할 수밖에 없었다. 시계를 보니 저녁 7시. 룽마에서 이곳까지 180km. 지명을 물으니 즈라툰니라고 했다. 2007년에 무인구 횡단에 성공하였으나 이번에는 무인구 진입에 실패할지도 모른다고 생각하니 아쉬움에 눈물이 흘렀다.

그러나 이대로 물러설 수는 없었다. 숙의 끝에 말커차카호에서 불시노영을 한 후 약 330km 떨어진 창둥(昌東) 지역 장서깡르산을 지나 무인구로 진입을 다시 시도해보기로 했다. 지구 끝 같은 말커차카 호반에는 유목민 한 가족 8명이 살고 있었다. 유목민 집 앞에 차가 이르자 놀란 일가족이 집 밖으로 뛰쳐나왔다. 지난해 탐사 이후 1년만에 다시 만나는 이들과 눈을 마주치니 그제야 나를 알아보고 반갑게 맞아주었다. 나는 가지고 온 선물과 함께 찍은 사진 한 장을 내놓았다. 그들은 사진 속 자기 모습을 보고 신기한 듯 어린아이처럼 깔깔대고 웃었다.

집에 들어서니 야크기름 냄새가 코를 찔렀다. 가구들이 어지럽게 널려 있는 방구석에서는 어린아이 울음소리가 들렸다. 살펴보니 생후 10개월쯤 된 두 아이가 양가죽으로 꽁꽁 묶인 채 울고 있었다. 아이들은 인형같이 귀여웠다. 울음소리를 듣고 그제야 달려온 아기 엄마는 두 아이에게 번갈아 젖을 물렸다.

무인구 고원의 야크

말커차카 호수 탐사

이번 탐험 계획 중 하나가 호수 생태계를 연구하는 일이었다. 고무보트를 들고 호숫가로 나섰다. 호반에는 강한 바람이 불어 파도가 일었다. 내가 배에 오르자 모두 우려하는 표정이 역력했다. 나는 30m 그물을 펼치며 호수로 나아갔다. 얼마 후 그물을 걷어보니 물고기 한 마리 걸려들지 않았다. 물맛을 보니 쓰디쓴 소금물이었다. 수초도 이끼도 수생 곤충도 살 수 없는 농도가 진한 소금물이었다.

줄에 돌을 달아 수심을 재보니 깊은 곳은 10m 가량 됐다. 호수 깊이 측정을 마칠 때쯤 보트에 물이 차기 시작했다. 바닥에 작은 구멍이 뚫려있었다. 가라앉을지 모른다는 불안감에 힘껏 노를 저어 호수 밖으로 나왔다. 옷은 온통 소금물에 젖어 흰색으로 변해 있었다. 옷에 묻은 소금은 4천만~5천만 년 전에 이곳이 바다였다는 증거다.

9월25일 아침, 창둥을 향해 출발했다. 도착한 때는 자정. 이곳에는 인가 네 가구가 몇 백m씩 떨어져 있었다. 지명을 물으니 차오무(草牧)라고 했다. 주민에게 장서깡르산 가는 길을 물어보니 아무도 아는 사람이 없었다. 문제는 이것뿐이 아니었다. 자동차 기름이 거의 떨어졌다. 150km를 달려 차부상으로 이동했지만 이곳에도 기름이 없었다. 다시 180km 떨어진 카이저로 향했다. 마을에 겨우 도착할 수는 있었지만 엎친 데 덮친 격으로 차가 고장났다. 기사 이야기로는 라싸에 가서 부속품을 구해 오는데 보름이 걸린다고 한다. 어찌하랴! 방법이 없었다.

이번 티베트 무인구 탐험은 실패로 끝났다. 하나 인생은 추구하는 내일이 있기에 존재 의미가 있는 것이다. 나는 새로운 탐험 의지를 다지며 티베트를 떠났다.

장서깡르산맥 자락에서의 캠프. 해발 5,400m

영원한 청년 박철암

이 종 택

국립산악박물관 전시실장

'시작이 반이다.' 어렸을 때 부모님이나 선생님들께 정말 많이 들었던 말이다. 새해가 되거나 새 학년이 시작될 때면 어김없이 머리를 조아리며 이 말을 듣고 자랐다. 너무 잘 알려진 말이라 그 뜻을 말할 필요는 없지만, '결단과 실천의 중요성'을 이르는 말이다. 굳이 한자성어로 하자면 사귀작시 성공지반(事貴作始 成功之半)의 줄임말이다. 그런데 언제부터인지 잘 기억나지 않지만 점점 잊혀진 단어가 되었다.

'시작' 앞에 꾸밈말 '처음'을 붙이면 그 뜻은 사뭇 달리 이해된다. 시작은 다시 반복할 수 있지만 '처음 시작'은 단 한 번뿐이기 때문이다. 여기에 관형어 '맨'을 붙여 '맨 처음 시작'이라고 하면 그 뜻은 더욱 분명해진다. 개인의 삶에 있어서 맨 처음 시작은 개인의 삶에 중요한 의미를 지닌다. 더군다나 한 공동체나 국가에서 '맨 처음 시작'은 역사적 의미가 더해져 그 무게를 헤아리기 어렵다.

한국 고산 등반사에서 '맨 처음 시작'이라는 말과 가장 잘 어울리는 사람이 바로 박철암 선생이다. 1962년 한국 산악인 최초 히말라야 다울라기리 정찰 등반, 1971년 역시 한국 산악인 최초 8,000m급 로체샤르 원정, 1990년부터 시작한 티베트 탐험 등 선생은 늘 '맨 처음 시작'했다. 무엇인가를 맨 처음 시작하는 사람은 주변 사람들로부터 질투의 대상이 되거나 때론 비난을 받기도 한다. 박철암 선생 또한 그랬다.

1962년 한국인 최초 히말라야 다울라기리 원정 때의 일이다. "모두가 반대해, 가면 죽는다 말이지, 네가 뭘 알아서 히말라야를 가느냐 이거지." 당시 산악계뿐만 아니라 정부에서도 등정을 확신하지 못했다. 그러나 박철암은 꼭 가야 했다. 누군가는 시작해야 하는 일이었기 때문이다. 주위의 걱정과 비판에도 그는 주춤거리지 않았다. 1971년 로체샤르 원정은 '빙벽에서 뛰어내리고 싶을'만큼 간절한 정상 등정에 꿈을 뒤로하고 물러나야 했던 뼈아픈 등반이었다. "산은 진실하며 누구를 미워하거나 속이지 않는다."는 말을 남기고 선생은 그토록 좋아하던 산악계를 홀연히 떠났다.

선생은 한국 히말라야 등반사에서 맨 앞에 서 있었지만 정상 등정의 감격과 영광은 누리지 못했다. 그러나 나는 선생이 정상 등정의 쾌거보다 더 크고 의미 있는 일을 남겼다고 말하고 싶다. 그것은 바로 다울라기리 원정 당시 작성한 『해외원정계획서』와 1963년 12월 발간한 『히말라야-다울라기리산군의 탐사기』 때문이다. 특히 『히말라야-다울라기리산군의 탐사기』는 운영 및 장비 계획 등 준비 과정에서부터 카라반, 정찰, 귀로에 이르기까지 상세하게 기록하여 히말라야 첫 원정보고서로서의 가치뿐만 아니라 후배 산악인들에게 교본과 같은 역할을 하였다. 선생은 기록의 중요성을 이미 알고 있었던 것이다.

1977년 9월 15일 한국은 세계 최고봉 에베레스트 정상 등정에 성공한다. 대대적인 환영 행사가 진행되었고, 언론은 '쾌거'를 외치며 에베레스트 정상 등정을 연일 대서 특필하였다. 여기에 박철암은 없었다. 당연한 일이다. 그러나 이것 하나만 확인하고 넘어가자. 1971년 에베레스트 등반 신청서를 네팔 외무성에 제출한 사람이 바로 당시 로체샤르 원정대장 박철암 선생이었다. 2년 후, 1973년 등반 허가서가 발급되었고, 1977년 역사적인 등반이 이루어진 것이다. 등반 허가서는 우리나라 외무부를 통해 대한산악연맹에 전달되었다. 예상치 못한 소식에 산악계는 흥분했다. 선생은 마지막까지 한국산악계의 발전과 등반 선배로서의 의무와 책임을 다했던 것이다. 한국은 그렇게 '산악강국'이 되었다.

1990년, 선생은 20년 전 로체샤르 원정 때 꿈꾸던 티베트 땅에 첫발을 디디면서 새로운 도전을 시작한다. 선생의 연세 73세였다. 2011년까지 30여 차례 이어진 티베트 탐험 대장정을 통해 "미지의 세계를 꿈꾸고 그 가능성을 믿고 끊임없이 도전하라"는 선생의 탐험 정신을 몸소 보여주었다. 꿈은 현실이 되었다.

1996년 "박교수, 창탕의 북부 고원에 사람이 살지 않는 무인구 지역이 있습니다. 그곳은 현재도 사람이 살 수 없으며 어느 누구도 이 세대에는 뛰어들지 못하는 베일에 가린 신기한 세계가 있습니다."라는 라싸대학 총장의 이야기를 듣는 순간, 선생의 가슴은 이미 티베트 무인구 지대를 탐험하고 있었다. 이듬해 1997년, 선생의 연세 80세에 본격적으로 티베트 무인구 탐험을 시작해 2007년 90세까지 11차례나 이어진다. '나이는 숫자에 불과하다'는 말은 선생에게 딱 맞을 것 같다. 그 과정에서 2007년 한·중 국제학술조사대 한국 대표로 참여 세계 최초로 무려 4,600km 이르는 무인구를 횡단하는 감격을 맛보기도 했다. 선생은 티베트 무인구 탐험 이렇게 회상한다. "내 인생의 전부를 쏟아 부었던 무인구, 숱한 세월 동안 나에게 의지와 용기를 주었다. 지치고 나약해진 때마다 무인구 탐험은 나를 지탱해준 원동력이 되었고, 꿈과 희망을 잃지 않게 하였다. 참으로 힘든 길이었으나 행복한 동행이었다."

행복한 동행, 무인구 탐험은 두 권의 책으로 남았다. 2002년 탐험기 『지도의 공백지대를 가다-TIBER 80,000km』와 2009년 사진집 『티베트 무인구 대탐험』에 그 이야기가 고스란히 담겨있다. 선생의 열정과 신념에 저절로 고개가 숙여진다.

박철암 선생은 꽃을 사랑한 남자였다. 어린 시절에는 동백산에 핀 마타리꽃과 쉬땅나무꽃을 가장 좋아했다. 티베트의 황량한 대지에 붉게 핀 파파화에 마음을 빼앗기고, 무인구 눈 속에 핀 설연화의 아름다운 자태에 감격했다. 전쟁의 상처가 채 가시지 않은 설악산 마등령에 지천으로 핀 개불알꽃과 앵초꽃은 되레 슬펐다. 백두산 천지에서는 호범꼬리꽃과 수줍은 듯 얼굴을 내민 할미꽃이 반기고, 부탄에서는 세상에서 가장 아름다운 꽃 메코놉시스속의 여러 꽃들을 만났다. 라싸에서 340km나 떨어진 써지라산에서 레옴노빌레 군락은 신비스러움 자체였다.

그러나 선생은 꽃을 보고 즐기는 것에 머무르지 않았다. 1998년 티베트의 희귀한 꽃과 식물 500여 종을 수집하고 연구해『세계의 지붕 TIBET-꽃과 풍물』을, 2015년에는『세계의 지붕 티베트:제2집-꽃과 풍물』을 출간 학술적 성과를 거두기에 이른다. 선생은 꽃이라면 가던 길도 멈추고 애정 어린 눈길을 보낸다. 그는 따뜻한 남자임이 분명하다.

박철암 선생이 히말라야를 오르고, 무인구 탐험을 통해 얻고자 한 것은 무엇일까? 선생은 등반과 탐험을 하면서 민족과 국가에 대한 사랑과 책임을 늘 생각했다. 독립운동을 위해 만주로 갔던 젊은 시절이 그랬고, 한국인 최초 히말라야에 첫발을 내디뎠던 1962년, 8월 15일 광복절에 맞춰 출발했던 것도 그랬다. 나아가 "미지에 대한 도전은 인류 발전에 이바지하는 행위"라고 생각했다. 등반과 탐험의 궁극적인 목적은 인류 공헌에 있었던 것이다.

새로운 것에 대한 갈망이 클수록 가족들은 그만큼 힘든 나날을 보내야 했다. "내가 죽으면 묘비에 바보 같이 살다간 여인 여기에 묻히다."라고 새겨 달라는 아내, "당신이 먼저 가면 그 묘비에 자기 마음대로 살다간 행복한 남정네 여기에 묻히다"라고 새기겠단다. '바보 같이 살다간 여인'이라는 말속에 남편에 대한 애정과 믿음이 가득 묻어난다. 요즘 유행하는 표현으로 하자면, '바보 같이 살다간 여인'이라 쓰고 '행복하게 살다간 여인'이라 읽으면 좋을 것 같다.

2016년 박철암 선생은 99세의 일기로 사랑하는 가족과 히말라야와 티베트의 무인구와 영원한 작별을 고했다. 백수를 누린 박철암. 그러나 나는 감히 이렇게 부르고 싶다.

'영원한 청년, 박철암'이라고.

박철암 朴鐵岩 연보

1918년		출생. 평안북도 희천
1945년		독립운동
1946년		월남
1949년		경희대산악부 창설
1953년	2월	경희대학교 중문학과 졸업
1961년	3월	경희대학교 중문학과 교수 임용
1963년	4월	한국특수체육회 이사
	5월	대한산악연맹 이사
1964년	4월	대한적십자사 안전자문위원회 위원
1965년		서울특별시산악연맹의 창립발기인으로 참여, 초대이사 역임
1970년		국제산악연맹(UIAA) 가입
1971년	4월	한국대학교수협의회 이사
1980년	8월	경희대학교 기획관리실장
1983년	3월	경희대학교 명예교수
1988년	3월	한국히말라야클럽 창단, 초대회장
1995년	5월	한국티베트탐험협회 창단, 초대회장
2011년		경희대학교 명예교수, 한국히말라야클럽 명예회장
		한국티베트탐험협회 명예회장
2016년		별세

산악등반	1962년 8월~12월	히말라야 다울라기리 (Dhaulagiri) 제2봉 원정대장
	1965년 1월	대만 옥산(玉山, 3,952m)산 원정대장
	1967년 8월	일본 북알프스 원정대장
	1971년 4월~5월	히말라야 로체샤르(Lhotse Shar) 원정대장
	1984년 12월	네팔 쿰부지역(Khumbu) 탐사(단독)
	1986년	오지산악지대 탐험 시작(이후 18년간)
	1987년 2월	네팔 랑탕히말(Langtang Himal) 탐사(단독)
	1988년 2월	네팔 묵티나트(Muktinath) 탐사
	1989년 2월	부탄 히말라야 탐사대 대장

티베트 탐험

제1차	1990년 6월	한국티베트 탐사대 대장(이후 29차례 탐사)
제2차	1991년 6월~7월	중국 서역남로 탐사대 대장
제3차	1991년 9월~11월	중국 초유(桌娛)산 원정대 단장
제4차	1993년 6~7월	중국 서역 8,000km 탐험대 대장
제5차	1994년 6월~7월	티베트 이리(阿里)고원 10,000km 탐험대 대장
제6차	1995년 6월~7월	티베트 구거(古格)왕국 6,000km 탐사대 대장
제7차	1995년 9월~10월	티베트 써지라산(色李拉山) 식물 탐사(단독)
제8차	1996년 6월~7월	제2차 구거(古格)왕국 탐사대 대장
제9차	1996년 9월~10월	써지라산(色李拉山) 식물 탐사(제2차, 단독)
제10차	1997년 6월~7월	제1차 무인구 탐험대 대장(짱베이(藏北)고원 7,000km 탐험)
제11차	1998년 9월~10월	티베트 나무춰(納木錯)호 탐사(단독)
제12차	1999년 6월~7월	티베트 헤이창궁루(黑昌公路) 탐험대 대장
제13차	2000년 8월~9월	제2차 무인구 탐험 국제 에너지 학술조사대 한국대장(한국, 일본, 중국, 인도, 네팔)
제14차	2001년 6월~7월	제3~4차 무인구 탐험(단독) (티베트 창탕(羌塘)고원 차부샹(察布鄕)지역 8,000km 탐사)
제15차	2002년 6월~7월	제5~6차 무인구 탐험(단독) (무인구 마얼궈차카(瑪爾果茶)호 도착)
제16차	2003년 9월~10월	제7~8차 무인구 탐험대 대장(무인구 쯔라툰(孜拉屯)고원 도착)
제17차	2004년 2월~3월	나무춰(納木錯)호 동계 탐사(제2차, 단독)
제18차	2004년 8월~9월	써지라산(色李拉山) 식물 탐사(제3차, 단독)
제19차	2005년 2월	티베트 탐사(단독)
제20차	2005년 4월~5월	제9차 무인구 탐험 단독(무인구 장서깡르(藏色崗日) 산맥 톈수이허 (甛水河)도착
제21차	2005년 12월	동계 티베트 고원 탐사(단독)
제22차	2006년 6월~7월	티베트 타이창(苔昌)고원 저둬산(折多山) 고산식물 탐사(단독)
제23차	2006년 8월~9월	써지라산(色李拉山) 식물 탐사(제4차, 단독)
제24차	2007년 5월~6월	제10차 무인구 탐험 단독(무인구 마얼궈차카(瑪爾果茶)호에서 남부 고원을 횡단하여 솽후(雙湖)호 도착)

제25차	2007년 11월~12월	제11차 무인구 탐험, 한·중 국제 학술 조사대의 한국 대표로 세계 최초로 무인구를 넘어 무인구 최북단 쿤룬(昆侖)산맥에 위치한 양후(羊湖)호(4,778m)에 12월 10일 도착, 12월 12일 융보취(涌波錯)호에 도착
	2007년 12월 22일	짱베이(藏北)고원 무인구 과학학술단조직위원회로부터 표창장 수여
제26차	2008년 9월	써지라산(色李拉山) 식물탐사(제5차)
제27차	2009년 9월	쉐구라산(雪右拉山) 식물탐사(제2차)
제28차	2010년 9월	쉐구라산(雪右拉山) 식물탐사(제3차)
제29차	2011년 9월	kailas산 탐사, 쉐구라산(雪右拉山) 식물탐사(제4차)

저서

『히말라야 다울라기리 산군의 탐사기』, 청구출판사, 1962.

『秘境 HIMALAYA BHUTAN TIBET』, 도서출판 세진사, 1993.

『세계의 지붕 TIBET 꽃과 풍물』, 도서출판 삶과꿈, 1998.

『지도의 공백지대를 가다-TIBET 80,000km』, 도피안사 2002.

『無人區티베트 무인구 대탐험』, 경희대학교출판국, 2009.

『세계의 지붕 TIBET 꽃과 풍물(제2집)』, 도서출판 산악문화, 2014.

수상내역

1979년 5월 18일	경희대학교 개교 30주년 공로상 수상
1996년	산악문화상 수상(한국대학산악연맹)
1998년	공로상 수상(네팔등산협회)
2002년 9월 15일	공로상 수상(대한산악연맹)
2003년 9월 15일	대한민국 특별공로상 수상(대한산악연맹)
2007년 12월 18일	티베트 무인구 탐험과학자상 수상, 티베트 탐험 영예증서 수상 (티베트 짱베이(藏北)고원 무인구 과고단조위회)
2008년 11월 11일	탐험 대상 수상(사람과 산)